知　见

见前所未见

谋算

历史上的博弈学

何晓——著

文化发展出版社
Cultural Development Press
·北京·

图书在版编目（CIP）数据

谋算 ：历史上的博弈学 / 何晓著 . -- 北京 ：文化发展出版社，2024.10.-- ISBN 978-7-5142-4435-9

Ⅰ. B84-49

中国国家版本馆 CIP 数据核字第 2024UX8660 号

谋算 ：历史上的博弈学

著　　者　何　晓

责任编辑：唐志峰　　　　　责任校对：岳智勇
责任印制：邓辉明　　　　　封面设计：博文斯创
出版发行：文化发展出版社（北京市翠微路 2 号　邮编：100036）
发行电话：010-88275993　010-88275711
网　　址：www.wenhuafazhan.com
经　　销：全国新华书店
印　　刷：金世嘉元（唐山）印务有限公司

开　　本：787mm × 1092mm　1/16
字　　数：151 千字
印　　张：12
版　　次：2024 年 10 月第 1 版
印　　次：2024 年 10 月第 1 次印刷

定　　价：59.80 元
I S B N：978-7-5142-4435-9

◆ 如有印装质量问题，请与我社印制部联系　电话：010-88275720

目录

第一章

做自己人生的“张良”，在博弈中，让谋算成为日常

第一章

做自己人生的“张良”，在博弈中，让谋算成为日常

“圯桥授书”的典故，大概大家都知道：韩国被秦灭亡后，张良招募刺客刺杀秦王失败，不得已逃亡到下邳，在此得遇大隐士黄石公，得到“读之可为王者师”的《素书》。张良拿到书之后，潜心诵读，每读一次都有收获，很快就感觉自己像是脱胎换骨了一样，再看古往今来的天下事，无一不通透。

而张良之所以能够凭借《素书》辅助刘邦一统天下，其原因就在于《素书》以道家思想为宗旨，集儒、法、兵思想，以道、德、仁、义、礼为立身治国的根本，揆度宇宙万物的自然运化，以此来认识事物、对应事物、处理事物。《素书》全文六章、一百三十二句，其中每一句都一针见血、切中要害，不仅包含治国安邦的谋略，更有修身处世、博弈生存的策略。

自古至今，大到社会发展，小到个人得失，甚至生死存亡，无一不与谋算有关。而谋算的过程，就是博弈的过程；谋算的智慧，就是博弈的智慧。其实，在人生这个永不停息的博弈过程中，每个人，都可以成为某一个领域的“张良”；每个人，都可以成为自己人生的“张良”——关键在于，你能否从手边的《素书》中读出博弈生存策略，读出博弈智慧。

谋定而动，征途上每一步都写着“谋算”二字

虽然有确切记载的人类文明史不过数千年，但人类从走出原始森林到奔赴星辰大海，从确保繁衍到守护文明，这个过程是如此漫长，有数十万年之久。在如此漫长的历程中，人类都经历了一些什么？

幽邃深林以及后来的所有生存空间，都是某种神秘力量赐予的吗？当然不是，那是人类一次又一次尝试与选择、一次又一次改造与建设的结果。对于争夺生存空间这样的事儿，动物世界靠的是力量和数量，人类社会靠的却还有谋算。《战国策 · 赵策四》中提到，“父母之爱子女，则为之计深远”，而那些胸怀天下的智者，在人类发展的不同时期，同样为了人类的未来“计深远”。当神话的光照进现实，从盘古开天、女娲造人、伏羲画卦、仓颉造字、大禹治水、商汤祈雨，到润泽八百里秦川的郑国渠、庇佑两千年天府的都江堰，再到“把黄河中下游变成粮仓，把云梦泽改造成鱼米之乡，把瘴气密布的雨林变成江南水乡”，每一步，都不是轻而易举迈出的，都是穷尽心思谋算的结果。

谋算，是古老而永恒的话题，人类的发展史也可以看作一部谋算史。我国悠久的历史上出过很多令人称奇的计谋，收录这些奇谋的经典很多，而其中有一些谋算，今天依然以另一种方式在不断上演，比如明知是坑却不得不跳的“二桃杀三士”。

在春秋时期，齐景公手下有三位著名的勇士：公孙接、田开疆、古冶子。他们勇气盖世，为国家立下了赫赫功劳。这三人意气相投，结为异姓兄弟，互相扶持，势力很大，若是其中一人有难，其他二人必然会相助。由于自恃武艺高，功劳大，他们非常骄横，不把别的官员放在眼里，甚至对重臣晏子也不够尊敬，但齐景公却完全拿他们没办法。

晏子是看在眼里、忧在心里，担心这三个莽夫有朝一日会造反，惹出

祸端，对齐国不利，于是就向齐景公提出了一个计划，想一举除掉三人。但齐景公觉得除去三位勇将，对国家也不利，而且此时三人并未显示出反意，言谈之间，齐景公表现得有些犹豫。于是，晏子就推出了另一个计划，请齐景公把三位勇士请来，要把两个珍贵的桃子赏赐给他们三位中最优秀的人。

公孙接与田开疆先报出他们自己的功绩，两人各拿了一个桃子。古冶子还没有讲就没了桃子，他将自己所做的功劳讲了出来，因为他觉得自己才是三人中功劳最大的一个。公孙接与田开疆听到古冶子报出自己的功劳之后，觉得确实不如人家，但自己却拿了桃子，非常羞愧，于是拔剑自刎了。古冶子看到了，内心惭愧，也自刎而死。就这样，靠着两颗桃子，晏子兵不血刃地除掉了三个威胁。

又比如史上最成功的削藩政策“推恩令”。汉初，诸侯王的爵位、封地都是由嫡长子单独继承的，其他的儿孙得不到尺寸之地。汉武帝时期，各

路诸侯的实力变得强大起来了，开始对中央政权产生威胁，为了加强中央的实力，汉武帝开始实行推恩令：要求诸侯王死后，除嫡长子继承王位外，其他子弟也可分割王国的一部分土地成为列侯，由郡守统辖。这样经过连续的分封后，诸侯的土地就会越来越少，诸侯王强大难制的问题，就进一步解决了。

汉武帝实施的推恩令从手段上来看实在是高明得很：以赏赐的名义来推广这个政策，在整个过程中，没有动用过任何兵马。因为如果诸侯们不支持、不执行，首先跳出来与他们作对的，是那些分不到土地的儿子们。所以，尽管各诸侯明知道这个推恩令是皇帝在削弱自己的实力，却一点儿办法都没有。

而“挟天子以令诸侯”，这个计谋最早出自《左传·鲁僖公四年》，讲齐桓公攻蔡伐楚时，尊王攘夷，也就是挟天子之名而令天下；这个成语的最早出处，是西汉刘向的《战国策·秦策一》：“据九鼎，按图籍，挟天子以令天下，天下莫敢不听，此王业也。”但这个计谋和这个成语广泛地为世人所熟知，却是因为陈寿的《三国志·蜀书·诸葛亮传》：“今操已拥百万之众，挟天子以令诸侯，此诚不可与争锋。”东汉末年，曹操将汉献帝带到了自己的大本营，令自己在政治地位上高出了其他割据者。曹操打着侍奉天子的口号控制汉献帝，各路诸侯名义上归顺于汉朝，实际上则归顺于他，为了匡扶汉室的人也会投奔于他，他因此名正言顺地拥有了更多的人才和军队。

上下五千年，这样的故事不胜枚举。

这些“计深远”的谋算，是谋一时，更是谋万世；是谋一域，更是谋天下。

这些“计深远”的谋算，是谋略，是筹算；是把控全局，是见微知著，是以退为进，是灵动机变；是进取，是不等不靠；是顽强不屈，是一往无前；是为了实现目标而隐忍，更是在某个时刻的果断出击、一击而中、全身而退。

后人唯有细读这关于谋算的每一页，才能从先人的谋算中汲取智慧，进而让今天和未来的一切都更鲜活、更有意义。谋算的运用体现在人类文明的方方面面，大到国家战争、商场博弈，小到邻里冲突、职场关系，无不体现着谋算的重要性。

这也是谋算奇书《素书》能够流传至今的原因，更是不断有后人深入研读《素书》的原因。

虽弱小但图强，经典从来不会无条件传授

经过春秋时期数百年的争霸战争，周天子册封的诸侯国数量大大减少。周天子名义上是天下共主，但早已名存实亡。诸侯国互相攻伐，战争不断。韩、魏、赵三家分晋后，又有田氏代齐，战国七雄的格局正式形成，分别是：秦国、楚国、齐国、燕国、赵国、魏国、韩国。

根据战国时期齐雄疆域分布图，韩国位于山西西南部、河南中部，虽然是四战之地，领土面积也不大，但在当时却是真正的天下中心，人口密度最大，经济也最发达：这里自然条件优越，土地肥沃，拥有当时最先进有效的灌溉系统，农业发达；韩国境内的宜阳铁山，是当时整个中原最大的铁矿原产地，因此韩国在整个战国时代，冶金技术在七国中首屈一指，而冶金技术直接决定了武器装备的水平，进而决定了军队的实力，再加上变法，韩国很快崛起。

韩国近二百年虽弱小但图强的建国历史，其实就是一部谋算史。韩国自三家分晋后公元前403年周威烈王承认魏、韩、赵三国的诸侯地位，韩景侯正式建国，到公元前230年韩王安投降，韩国被秦所灭，成为六国中第一个被秦所灭的国家，历时173年。在战国七雄中，韩国国土面积最小，还处于诸国的包围中，被六国攻伐是常态。虽然也曾变法图强，国力大增，但在数十年的短暂强盛之后，迅速衰落，沦为魏国和齐国之间的争霸资本、秦国和齐国之间的战争缓冲地。两场决定霸主局势之战都由韩国而起，充分体现了韩国被列强围欺的困境。正因为始终置身这样的生存夹缝中，危机感爆棚的韩国君臣始终处于地缘战略的博弈中：

开国君主韩景侯迁都阳翟，以“术”治国，提升国力，多次与郑国发生战争；韩烈侯、韩文侯父子继续以“术”治国，农业、商业、手工业持续发展。韩文侯时期，韩国势力逐渐强盛，开始向外扩张，进攻郑国，占

领阳城，俘虏宋国国君，击败齐国打到桑丘；韩哀侯彻底灭亡晋国、灭亡郑国，迁都新郑，使韩国位列战国七雄；韩懿侯趁魏国内乱，联合赵国伐魏，反被魏军打败，彻底得罪魏国；韩昭侯任用申不害为相，实行变法，韩国进入国势最强的时期，“国治兵强，无侵韩者”；韩宣惠王不再延续祖上的变法政策，局势变得混乱，先合纵抗秦，正式称王，失败后转为连横依附于秦，其间连连失败，不断丢失领土；韩襄王时而合纵时而连横，宜阳之战，韩国十万守军被斩六万，丧失位于上党、新郑、南阳三大板块接合部的宜阳重镇，此地为韩国门户、三晋门户，也是六国门户，秦国将宜阳收入囊中，迈出问鼎天下的关键一步；韩厘王伊阙之战被斩首二十四万，救援魏国反被秦国斩首四万；韩桓惠王时，韩非多要求推行法治被拒绝，白起进攻韩国，韩桓惠王割上党，上党人降赵，引发长平之战；韩废王名安，又称韩王安，他即位时韩国已是七国中最弱小的国家，不得不摇摆在降秦和抗秦之间，“九年，秦虏王安，尽入其地”，韩国旧贵族在故都发动叛乱，被秦始皇处死。

而这些发动叛乱的韩国旧贵族里，就有张良的父辈。

张良的祖先是韩国人，他的祖父叫开地，是韩国的老臣，曾做过韩昭侯、韩宣惠王、韩襄王三朝的丞相；他的父亲平也做过韩厘王和韩桓惠王两朝的丞相。韩国历朝共计十一位王，张良他们家两代人做了五代韩王的丞相，究其原因，除了才华与忠诚，还源于张良家族跟韩国王族一样姓姬，并且是韩氏。在张良的祖父和父亲任韩国丞相期间，韩国在韩昭侯当政时期处于发展高峰期，接下来一直左冲右突，疲于应付各国的欺负。

张良大概出生于公元前 251 年，从他出生前几年到出生之后，韩国发生了一些什么事？公元前 256 年，秦国讨伐韩国，攻取阳城、负黍，斩首四万；公元前 254 年，韩王入朝于秦，四年后，张良的父亲在忧愤中去世；公元前 249 年，秦国讨伐韩国，攻取成皋、荥阳；公元前 244 年，秦国大将蒙骜攻伐韩国，攻取十二座城池；公元前 233 年，韩王安被迫向秦国效地纳玺，韩国成为秦国的藩属国；公元前 231 年，韩国向秦国献南阳地；公元前 230 年，秦攻打韩国，俘虏了韩国末代国君韩王安，秦王在韩国故土上设置颍川郡，并将韩王安迁到了陈县……这期间发生的事件，每一件对韩国来讲都是屈辱。国破家亡，是张良自出生起便要面对的现实，也让他对韩国灭亡有着超乎常人的痛心感。

韩国灭亡的时候，张良二十多岁，父亲的忧愤而死，韩王安的屈辱被掳、被杀，都给了他极其沉重的打击，国仇家恨，他把这笔账算到了秦始皇头上，于是散尽家财找到了一个大力士要刺杀秦王。但此时的张良在一生都游刃于政治斗争的秦始皇面前，就像是顽童一般。博浪沙刺秦失败之后，张良改名换姓，仓皇逃到了百里外的下邳。

这次刺秦，对张良来说，看似失败，但对他的人生以及时局而言，却未必不是一件好事。如果说刺秦之前，他接受《素书》的德行储备已经完成，而逃到下邳，却意味着他接受《素书》的思想准备也已经完成。经典之传授，从来都不是无条件的，《素书》不传“不道、不神、不圣、不贤之人；若非其人，必受其殃；得人不传，亦受其殃”，其条件岂止只在道德品行？

正因为张良有了这样的经历，所以，黄石公要将《素书》传授给他；也正因为张良有了这样的经历，黄石公才断定，张良读了这本书可以“为王者师”。

潜心诵读的过程，就是脱胎换骨的过程

张良自幼多病，但年轻时积极上进、血气方刚。通过《留侯世家》可以看出，他在跟随刘邦之前，有三件事影响了他的一生：学礼淮阳、博浪沙刺秦、圯上受书。而最令后人琢磨不透的，就是“学礼淮阳”。

淮阳，老子的出生地，张良学礼于此，让我们想到孔子学礼于周。据《史记·老子韩非列传》记载：

孔子适周，将问礼于老子。老子曰：“子所言者，其人与骨皆已朽矣，独其言在耳。且君子得其时则驾，不得其时则蓬累而行。吾闻之，良贾深藏若虚，君子盛德容貌若愚。去子之骄气与多欲，态色与淫志，是皆无益于子之身。吾所以告子，若是而已。”孔子去，谓弟子曰：“鸟，吾知其能飞；鱼，吾知其能游；兽，吾知其能走。走者可以为罔，游者可以为纶，飞者可以为矰。至于龙，吾不能知，其乘风云而上天。吾今日见老子，其犹龙邪！”

关于张良学礼淮阳，《留侯世家》里只有一句话：“良尝学礼淮阳。”司马迁写书从来没有一句废话，这句话既然写了，就说明很重要；既然很重要，又为什么仅此一句？很多研读这段历史的人，或者读《史记》的人，都曾因此非常困惑。其实，如果把视线拉长一些，弄明白了秦末张良学道、司马迁写《史记》时汉武帝尚儒，这个问题自然就迎刃而解——在不遗余力“推广儒学”的大环境里，司马迁为了让后人了解张良的道统，已经算是煞费苦心了。而这一句话，也为我们了解张良、了解《素书》，隐隐指出了方向。

博浪沙刺秦的故事，《留侯世家》也交代得很简单：“……东见仓海君。得力士，为铁椎重百二十斤。秦皇帝东游，良与客狙击秦皇帝博浪沙中，误中副车。秦皇帝大怒，大索天下，求贼甚急，为张良故也。良乃更名姓，

亡匿下邳。”大意是，韩国被秦灭国之后，张良想要报仇，于是散尽家资，往东见了一位高人，联系上一位大力士，还得到了一个重达一百二十斤的大铁锤。公元前 218 年，也就是秦始皇二十九年，张良得知秦始皇要出行，便埋伏于博浪沙伺机刺杀秦始皇，但由于判断失误，行刺失败。因为秦始皇为了保证安全，准备了多辆副车，每辆都一样，而张良砸中的就是副车。秦始皇大怒，向全天下发布海捕文书，要抓张良。张良于是改名换姓，逃到下邳藏了起来。由此可见，张良并不是他的原名，这个名字是在博浪沙刺秦后才改的。

这个故事相当精彩，以至于千年后苏东坡特地因为这个故事写了一篇《留侯论》，认为刘邦比项羽能忍，是张良教他的；而张良年轻时也并不是个能忍的人，“千金之子，不死于盗贼，何者？其身之可爱，而盗贼之不足以死也。子房以盖世之才，不为伊尹、太公之谋，而特出于荆轲、聂政之计，以侥幸于不死，此圯上老人所为深惜者也”。苏轼推论，张良为什么有那么大变化的原因，是读了圯上老人黄石公送的《素书》。

据传，黄石公是秦末汉初的“五大隐士”之一。张良逃到下邳，有一天从一座桥上经过，一位穿着褐色衣服的老者来到他面前，故意把自己的鞋子扔到桥下，说：“小子，下去把我的鞋子拾上来！”突然听到一个素不相识的老人这样和自己说话，张良很诧异，但想到他年纪那么大，还是忍气吞声地下去将鞋子取上来，并屈膝给他穿上。老者穿上了鞋子后笑着离开了。走了不多久，老者又返了回来，对张良说：“你这个小伙子是可教之才。五天后天亮时，在这里等我吧。”张良虽然纳闷，但还是答应了。五天后天刚亮，他来到桥上时，老者已经等候在那里了，看到他来，生气地说：“怎么能来得这么晚？你回去吧，五天以后还是在天亮时来见我。”这样反复几次之后，张良终于让老者满意了，这才得知自己前段时间三番五次被考验的原因。老者从身上取出一部书，告诉张良：“读了这部书，你便可以做帝王的老师。十年过后天下将大变，十三年后，如果你想见我，便去找济北谷城山下的黄石，那便是我。”说着便不见了踪影。张良将书打开，看清书名叫《素书》。从此，他潜心诵读这本书，每天都有收获，感觉自己就像脱胎换骨了一样。

十年后，陈涉起义，张良也聚集了百余个年轻人响应。景驹在留地自立为楚假王后，张良想去投奔他，却在去的路上遇上了沛公刘邦。张良曾经多次对他人讲述《素书》中的智慧，但都没有人能够领悟其中的真谛，他给刘邦讲，刘邦听了十分叹服。于是，张良感叹道：“沛公的悟性是上天赐予的啊！”从此，张良开始凭借《素书》辅助刘邦一统天下。

因为《素书》的深刻以及“杀伤力”巨大，才有秘诫：“不许传于不道、不神、不圣、不贤之人；若非其人，必受其殃；得人不传，亦受其殃。”因此，张良身后也没有找到《素书》的传人。直到五百年后的晋朝，天下大乱，有一个盗墓贼挖掘了张良的坟墓，在陪葬的玉枕中发现了这本《素书》。自此，《素书》得以在人间流传，越来越多的人通过学习和感悟这本书，重新规划人生，让自己也从一介莽夫成长为一个谋算大师，成就了自己的事业，实现了自己的梦想。

“天书”在手，那些看似复杂的问题，都变得如此简单

《素书》一直被民间视为“奇书”“天书”，因为这本书成就了让后世仰慕的张良。自古读《素书》的人很多，而读后能如张良一样“为王者师”的人却屈指可数。既然这样，为什么还有那么多人研读《素书》？因为今天我们读《素书》的最大意义，在于我们要做自己人生的“张良”。能否成为“王者师”，并不是我们自己能决定的，但通过读懂张良对《素书》的理解与运用，然后过好自己的人生，却是我们自己能把握的。张良辅佐刘邦的经典故事很多，每一个故事都在告诉我们：当我们没有去谋算的时候，那些问题似乎很复杂，但张良用《素书》里的秘诀去处理，又似乎很简单，就像指点迷津一样。

公元前204年，刘邦被项羽围困于荥阳，整天忧心忡忡，便把郦食其叫来谋划怎么样才能削弱楚国。郦食其给他出主意：以前商汤伐桀时，把杞地封赏给夏的后代；武王伐纣时，把宋地封赏给殷的后代；如果陛下能把六国的后代重新封立起来，人们会因此对陛下感恩戴德。刘邦觉得有道理，打算就这么办。几天后，张良从外地赶回来，正在吃饭的刘邦把郦食其的计谋讲给张良听，还很得意地问：“子房，你感觉这条计策怎么样呢？”张良听了立即否决，一连说了好几条不能这样做的理由：商汤、周武王册封夏桀、商纣王的后代，是因为他们能左右那些人的生死，而你如今被项羽围困，自己的生死都在别人手里……还有帐外的那些谋士将士，大家背井离乡跟着你打天下，谁不是为了列土封疆？要是封赏了六国后裔，谁还跟你打天下？现在我们必须做的只有削弱楚国的力量，如果楚国强大起来，六国成了楚国附庸，你还想成就什么大事！刘邦听了，把口中的饭吐出来，大骂：“这个书呆子差点儿把老子的大事给坏了！”这一招“不封六国”，

劝说刘邦打消分封六国后裔为侯的念头，来自《素书》中的“决策于不仁者险”。

公元前203年，韩信攻破了齐国之后，听从了别人的劝告，拥兵自重，派使者去见刘邦，要刘邦封他为齐地的假王。刘邦一听，勃然大怒，心想自己这里形势吃紧，韩信不但不率兵解救，反而利用这个机会进行要挟，当时就想大骂韩信的使者。张良私下里对刘邦说：“这时候可不能训斥韩信的使臣，更不能攻打韩信。现在韩信帮助您，则楚王就会灭亡；如果韩信背叛了您，去帮助楚王，那您可就危险了。韩信派人来，无非是想试探一下您的态度，您不如干脆封他为齐王，让他守住齐地，至于其他的事，等灭了楚国再说。”刘邦听了张良的话，回头对韩信的使者说：“大丈夫要当就当真王，何必当个假王！”于是，在第二年的二月，刘邦派张良携带印信，到齐地去封韩信为齐王。这一招“计稳韩信”，来自《素书》中的“阴计外泄者败”。

公元前201年，天下初定，刘邦大封群臣。有一天，刘邦在阁楼间的天桥上看见一些将领三五成群、窃窃私语，很是疑惑，就问张良，那些人在讲什么？张良回答说，那些人在计谋反叛。刘邦不解，张良解释说："陛下出身寒微，起家于平民百姓，能获取天下，与他们的功劳分不开，陛下登基后，仅有像萧何、曹参这样的故旧亲信才在封赏之列，您平时所怨恨仇视的人却遭到诛杀。现在军吏们都在计算功劳，即使把天下所有的土地都拿出来分封给有功劳的人也难以满足，他们十分担心您不能够全部进行封赏，又担心会因为以往的过失而遭致诛杀，就因为这些才聚集在一起计谋反叛呢！"刘邦这才发现，分封一事，搞不好也容易出大事儿，于是问张良应该怎么办才好？张良询问他最讨厌谁？得知刘邦和雍齿积怨颇深，而且人人都知道，便建议刘邦马上封赏雍齿。果然，群臣都放心了，说："连雍齿都被封侯了，我等还有什么可担忧的呢？"这一招"雍齿封侯"，劝刘邦首先封赏跟他结过仇的雍齿，使那些来不及封赏的将领安心，缓解了当时的紧张局势，避免了内乱，来自《素书》中的"小怨不赦，大怨必生"。

刘邦想把戚夫人的儿子赵王如意立为太子，把原太子废黜。吕后因此惊恐不安，就派哥哥吕泽去找张良。而张良因体弱多病，正辟谷在家修身养性，已经一年多闭门未出。张良见到吕泽，说，当年他的计谋被多次采纳，是因为刘邦多次处在危难之中；如今天下太平，皇上因为喜爱戚夫人才想另立太子，事关骨肉之间的家常琐事，外臣还能说什么？吕泽反复请求，张良只得给他出了个主意，让太子想办法请来四位刘邦非常看重、但之前怎么也请不来的老人，让他们经常跟着太子上朝，以便被刘邦看到。吕后听从了这个建议，便让太子写好书信，派吕泽带上书信和厚礼，态度极其谦恭地去把这四个人迎来。果然，在一次宴席上，刘邦看到太子身后跟随着四位老人，须眉皓然、峨冠博带，年龄都已八十有余，一问之下才知道就是自己怎么也请不来的人。四位老人说："陛下对士人常怠慢侮辱，我们不愿受辱，所以采取逃避的办法，但现在听说太子宽厚仁义，孝顺有礼，并且敬重士人，天下士人都感恩戴德，心甘情愿为太子效劳，死不足惜，因此我们就出来追随太子。"自此，刘邦不再有换太子的打算。这一招

“巧保太子”，建议吕后请来四位隐士，保全了太子刘盈，来自《素书》的“设变致权，所以解结”。

张良在功成名就之后，能避开汉初复杂的政治斗争，得以安度晚年，秘诀也不过就是《素书》中的“吉莫吉于知足”和“绝嗜禁欲，所以除累”，他拒绝了刘邦三万户封邑的封赏，只求受封于留地，告老不问世事。

看别人的故事，过自己的人生。其道虽简，但悟的过程不简单，行的过程更不简单。

又酷又温柔，倾尽心力教人谋算，却安之若素

小时候读于谦的《石灰吟》，读到“要留清白在人间”，内心澎湃，竟有想哭的感觉，觉得大山里的石头太不容易了，乌七八糟的颜色要变白，必须经历“千锤万凿”“烈火焚烧”“粉身碎骨”，而我们生而为人就好多了，原本便是清白的，只需要保持就好。长大以后才逐渐明白，要守住“清白”需要付出很多努力，及至读到《素书》，将这“素”与“清白”联系上，才又多少明白一些：对于某些人而言，倾尽心力地谋算，不是为了“大红大紫”，而是为了“素”，为了“清白”。

其书简，其意深，《素书》的第一个关键词，是素。《说文解字》中记载，素，“白致缯也，从糸，取其泽也”。按字形，从垂，从丝，指未染色的白色原丝织成的丝品。由于这种丝品与其他丝绸相比很寻常，所以又转义为平素、平常、寻常。也就是说，“素”，本义是本色的生帛、未经漂煮的丝织物，引申为本色、质朴、简单，没有被污染。如此说来，《素书》可以理解为一本最初写在生帛上的书，也可以直接将其理解为一本内容从未被污染的书，内容是质朴的、本色的、简单的。

写在生帛上的书，就是帛书，又称为缣书，也被称为素书。在纸被发明之前，龟甲、兽骨、陶片、竹简以及丝帛等都是文字的载体。帛书的传播，与竹简、木牍盛行同时，常常“竹帛”并举，不过，由于帛的价格远比竹简昂贵，它的使用仅限于达官贵人。汉代古籍上已有“书”一词，如《汉书·苏武传》载：“言天子射上林中，得雁，足有系帛书。”而帛书的实际存在时间更早，可追溯至春秋时期，如《国语·越语》载：“越王以册书帛。”现已出土的帛书，有楚帛书和汉帛书两种。楚帛书于 1942 年 9 月发现于湖南省长沙子弹库楚墓，是现存最早的、春秋战国时代的帛书，目前，这楚帛书中相对完整的部分只能在美国才能看到。汉帛书主要发现于 20 世

纪70年代初发掘的长沙马王堆汉墓，《春秋事语》在1号汉墓出土，《老子》甲本卷后古佚书在3号汉墓出土。

《素书》也可以理解成内容最质朴、研究对象最本色的书。《论语·八佾》里记载孔子说“绘事后素”，说绘画或装饰应该在素的底子上进行，也可解释为纯白的“底子”上，这素的底子决定了绘画或装饰的品质。他的弟子子夏又将“素”同人的道德品性联系起来，认为“礼”需建立在素这样的良好品性上，孔子大为赞同。可见，“素”还指人未被外界环境“污染”的属性，也就是本质。

这种理解，便牵连出《素书》的第二个关键词：道。“夫道、德、仁、义、礼五者，一体也”，以道家思想为宗旨的《素书》，全书由道入手。老子所说的“道”，含义博大深远，如“夫万物生于有，有生于无”“镇之以无名之朴”“天得一以清”等，道可以是无，也可以是朴，还可以是一。但老子也说“见素抱朴”，朴是没有加工的原木，素是没有染色的丝织品，可见，在道家眼里，“素”是近乎道的。

李白有诗：“抱瓮灌秋蔬，心闲游天云。”故事出自《庄子·天地篇》：“子贡南游于楚，反于晋，过汉阴，见一丈人方将为圃畦，凿隧而入井，抱瓮而出灌，搰搰然，用力甚多而见功寡。子贡曰：‘有械于此，一日浸百畦，用力甚寡而见功多，夫子不欲为乎？’为圃者卬而视之曰：‘奈何？’曰：‘凿木为械，后重前轻，挈水若抽，数如泆汤，其名为槔。’为圃者忿然作色而笑曰：‘吾闻之吾师，有机械者必有机事，有机事者必有机心。机心存于胸中，则纯白不备；纯白不备，则神生不定；神生不定者，道之所不载也。吾非不知，羞而不为也。’”

大意是孔子的学生子贡访问南方的楚国，回来时又准备到晋国去，经过靠近汉水南岸的一个地方，见一老头儿正在灌溉田地。他的灌溉方法很落后：先开好一条通到井底的坡道，然后抱着一个水瓮，一步步走到井里去，取了水，再抱到田里去浇。这样一趟一趟地来回走，费力大且功效极低。子贡对他说：“老人家，您为什么不用汲水工具来灌溉呢？利用工具来灌溉，一天能浇一百畦，又快又省力，您难道不知道吗？”老人说他知道但不愿意用，改用器械工具就要改变方法，心思精神也会随之改变，自己

原本一贯纯真素白的胸怀就不存在了，为人也会变得有心机。汉阴老人抱瓮而灌，不愿用桔水的机械，这是因为他自甘恬淡古朴的劳动生活，避为机巧之心。他认为，一为机巧，便失去了心地的纯正，从而违背了道，后世多以“抱瓮”比喻淳朴的生活。

庄子是十分重视“素”的，他在《庄子·外篇·刻意》中说，“故素也者，谓其无所与杂也”，是说素纯粹、纯天然，无杂质，如果人具有这样的纯然之性，就可以被称为“素心人”，如陶渊明诗中的“闻多素心人，乐与数晨夕”。

《素书》自宋以来流传较广，版本较多，市面上现存的版本就有明刻本、明抄本、明万历刻本等。明朝天启元年的《素书》，开篇对“素”字作了解读，说：“素者，符先天之脉，合玄元之体，在人则为心，在事则为机，冥而无象，微而难窥，秘密而不可测，笔之于书，天地之秘泄矣。”人若能做到这一个“素”字，就可以参透天地之玄机了。“素”由淳朴而变为“冥而无象，微而难窥，秘密而不可测”的根据，就在于“素”的淳朴、天然——如果人能保持素朴的初心，就能合乎大道；合于天道，就能应用无穷，因时而化，无往不利。

由此可见，《素书》的“素”与道家的“素”“朴”“一”并不完全相同，这个“素”是与道、德、仁、义、礼相结合之后综合运用的结果。这也是此节关键词为什么不是“素”，而是“素”和“道”的原因。

第二章

道、德、仁、义、礼，融会贯通，浑然一体

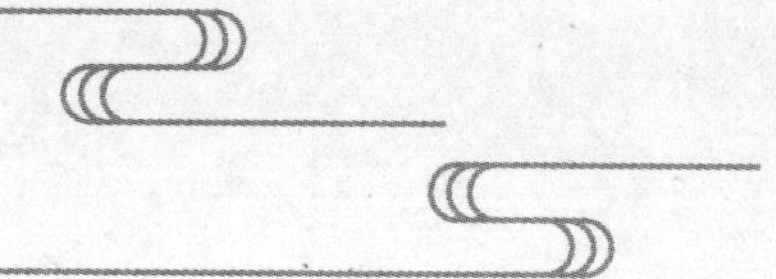

《素书》原始章第一

夫道、德、仁、义、礼五者，一体也。

道者，人之所蹈，使万物不知其所由。德者，人之所得，使万物各得其所欲。仁者，人之所亲，有慈惠恻隐之心，以遂其生成。义者，人之所宜，赏善罚恶，以立功立事。礼者，人之所履，夙兴夜寐，以成人伦之序。夫欲为人之本，不可无一焉。

贤人君子，明于盛衰之道，通乎成败之数，审乎治乱之势，达乎去就之理。故潜居抱道，以待其时。若时至而行，则能极人臣之位；得机而动，则能成绝代之功。如其不遇，没身而已。是以其道足高，而名重于后代。

明于盛衰之道，有远见卓识，在哪里都会有成就

自古有远见卓识之人，在哪里都会成就事业。有远见卓识的人会干些什么事儿呢？下面讲几个小故事。故事的主人公，有小人物也有大人物，有我们熟悉的，也有我们陌生的，但归根结底，都是有远见的。

陕西宣曲有家姓任的，祖先是看管仓库的小吏。秦朝败亡后，所有的豪强人士都在抢夺金银财宝，只有任家粮窖储存了很多粮食。后来楚汉相争于荥阳，百姓不能耕种，米价涨到一石万钱。于是，那些豪强夺得的金银财宝最终都变成了任氏的家业。

四川一个姓卓的，他的祖先是赵国人，靠炼铁发了家。秦国攻灭赵国之后，秦军命令卓氏迁居到四川。卓氏夫妻俩只好推着车子上路了。与卓氏一起迁徙上路的其他家族，大多都很贫穷。即便如此，他们也纷纷把不多的钱财敬送给官吏，恳求其允许他们就近在葭萌一带安家，只有卓氏表示："这里土地狭小贫瘠。我听说岷山脚下有肥沃的田野，地里长着大芋头，人到死也不会挨饿。那里的百姓善于交易，买卖也好做，是容易谋生的地方。"于是，卓氏主动要求迁居到遥远的临邛县。到达临邛后，卓氏就在当地采矿炼铁，做起了买卖，后来便富可敌国了。

刘邦率大军攻占秦的都城咸阳后，麾下将领争先恐后地拥到官宦之家劫掠金银财宝，只有萧何率人抢先收集了秦朝的丞相、御史家中的律令、图书等，并妥善保护起来了。刘邦后来能详知天下有几处重要关塞，有多少户籍人口，以及地方势力的强弱，老百姓的疾苦等，都有赖于萧何收集到的这些秦朝图册。

以上是正面的，且有远见卓识的；以下再讲几个反面的。

武周末期，张柬之等人诛杀了张易之、张昌宗兄弟俩之后，又逼迫女皇武则天逊位。参与政变的大臣薛季昶说："虽然已经诛杀了两个元凶，但

像吕产、吕禄那样的同党还在，这就像锄草不除根那样，一到春天终会复生。”发动政变的另一位大臣桓彦范说：“武后的侄子武三思，现在不过是案板上的肉罢了，留着等皇上复位后做个人情吧！”薛季昶听了这话，叹息着说：“唉，我可能死了都无坑可埋了！”果然，武三思后来祸乱朝政，桓彦范追悔莫及！

宋朝时，孝宗赵昚驾崩后，知枢密院事赵汝愚借韩侂胄之力，又联手宪圣太后吴氏，将宁宗赵扩推上了皇帝之位。大事已成之后，徐谊说：“韩侂胄将来一定会成为国家的祸患，应该满足他的欲望然后再疏远他。”叶适也对赵汝愚说：“韩侂胄所追求的，不过是将帅名位，应该满足他。”朱熹则说：“赵汝愚应该给韩侂胄优厚的待遇，但不能让他握有实权。”赵汝愚却很自信地认为韩侂胄没什么大不了的，没有听从大家的建议，仅给韩侂胄一个防御使的职位，却又让他执掌了兵权，这使韩侂胄非常失望，也心存怨恨，后来终于为赵汝愚带来了灾祸。

隋末天下大乱，武阳郡丞元宝藏举兵响应李密，命魏征主管文书。李密每次接到元宝藏的文字，总是称赞不已，后来听说是魏征所写，立即将他召来。不过，李密识才却不会用才，魏征给他进献了十条计策，都未能被其采纳。王世充进攻洛口，魏征去见长史郑颋，对他说：“魏公虽然突然取胜，但死伤了许多精兵猛将。此外，其仓库里没有财物，将士们打了胜仗也得不到奖赏。就因为这两条，军队就无法再出战了。如果我们深挖壕沟、加固营垒，长期坚持下去，贼军粮食吃光了，肯定会逃走，那时我们再追击，这才是取胜的好办法。”而郑颋却说：“这都是老生常谈了！”魏征听他这样说，心中感到很失望，便不辞而别。

文种和范蠡是好朋友，年轻时，因为不满当时楚国“非贵族不得入仕”等黑暗政治，一起投奔了越国，辅佐越王勾践。结果，越王勾践被吴国打败，差一点儿就亡国了，文种和范蠡，一个留在国内治理，一个跟随勾践到吴国做奴隶。勾践本来想带文种随同他去吴国的，但范蠡说：“四封之内，百姓之事……蠡不如种也。四封之外，敌国之制，立断之事……种亦不如蠡也。”到了吴国之后，吴王夫差想劝范蠡离开勾践，帮助自己。但范蠡毫不动摇，很坦然地说道：“臣闻亡国之臣，不敢语政，败军之将，不敢语勇。臣在越不忠不信，今越王不奉大王命号，用兵与大王相持，至令获罪，君臣俱降，蒙大王鸿恩，得君臣相保，愿得入备扫除，出给趋走，臣之愿也！”

这期间，文种不断地给吴王送各种东西，到处打点，重金收买了夫差的宠臣伯嚭，并向吴王送美女西施。勾践在吴国当了三年奴隶后，被夫差释放回国，在文种和范蠡的辅佐下，卧薪尝胆、励精图治，逐渐恢复了国力，最终打败了吴国。

吴国被灭之前，吴王夫差派人找到文种，对他说：“吴国若灭了，越国没有了对手，像你这样的谋士，处境就会危险了，敌国破，谋臣亡，大夫

为何不放过吴国，让吴国成为越国的忧患呢？”文种没有理睬，但范蠡却适时隐退了。范蠡临走前修书一封留给文种，大意是讲越王这个人心胸狭窄，共患难是可以的，但不可以共富贵，你不如也像我一样，尽快离开，文种还是不听。后来越王勾践听信谗言，赐给文种一把剑，说：“你当初给我出了七条对付吴国的策略，我只用三条便打败了吴国，剩下四条在你那里，你用这四条去地下为寡人的先王去打败吴国的先王吧！”

文种长叹：“后悔没听范蠡的话，才有今天。”最后自刎身亡。

通乎成败之数，虽千难万险也一往无前

盛衰是趋势，成败是结果。一个人如果能够看透成败的规律，怎么可能干不成大事？

楚汉相争时，汉王刘邦率军进取洛阳途中，新城县掌管教化的三老之中的董公，挡在路上奉劝汉王说："率军征战，如果师出无名，是很难取胜的。因此，大王首先应通告天下，让天下人知道对方是反贼，敌对势力才有可能真心归降。如今，天下人共同拥戴义帝，项羽却把他赶走，还派人杀了他。大王首先应率三军为义帝服丧，然后通告天下诸侯，共伐项羽！"刘邦按照董公的建议，大张旗鼓地为义帝举办丧事，并命令士兵全部穿上白色的孝服，然后才昭告天下，去攻打楚地。

董公是"通乎成败之数"的人，刘邦能立即听董公的话，激发天下人叛楚归汉，又何尝不是这样的人？而唐高祖、唐太宗能在隋末成就大业，就在于不仅仅是他们，就连随他们一起出生入死者，也是这样的人啊。

唐太宗李世民是唐高祖李渊的次子。据《旧唐书》记载，在他四岁那年，有一自称精通相术的书生拜见李渊时说："你是一位贵人，还有贵子。"见到世民后，书生惊道："龙凤之姿，天日之表，年将二十，必能济世安民矣！"李渊担心书生会将此话泄露出去，于是准备杀掉书生，但是转眼间书生就不见了，只好作罢。从此，李渊用"济世安民"中的"世民"二字作为李世民的名字。李世民从少年时就足智多谋，体魄强壮，自我要求严格，他射出的箭比一般人要远一倍，而且百步之外，也能"射洞门阖"。

大业七年（611 年），山东、河北发生水灾，农民没有收成，被迫流浪，隋炀帝却还要征调大量民夫，远征高丽。这年十二月，王薄率先在山东长白山，即今天的山东邹平南部发动起义。一时间，农民起义风起云涌，并且在反隋斗争中形成了三支较大的武装力量：翟让、李密领导的瓦岗军在

河南纵横驰骋，窦建德的义军转战于山东、河北，杜伏威的农民军则控制了江淮地区。此时，李渊正任太原留守，但是隋炀帝不信任他，派高君雅和王威为太原副留守，以监视李渊。616年，突厥侵入北部边境，隋炀帝命李渊和马邑太守王仁恭合力抵抗。结果战事不利，隋炀帝于是派使者传令要押李渊和王仁恭至江都治罪。李世民对父亲说："今盗贼日繁，遍于天下，大人受诏讨罪，贼可尽乎？要之，终不免罪。不若顺民心，兴义兵，转祸为福，此天授之时也。"李渊听后说："天其以此使促吾，吾当见机而作。"

要起兵必须扩大兵力，李渊为太原留守，虽握有重兵，但仍需招募一支自己的队伍，可公开招募会引起高君雅、王威的注意。正在李渊、李世民为难的时候，马邑人刘武周杀死了马邑太守王仁恭，占据马邑郡，起兵反隋，且自称皇帝，还勾引突厥直驱太原。于是，李渊以讨伐刘武周为托词，召集各位将领商议，提出自己招募兵丁，高君雅和王威迫于当时的形势，只好同意。于是，李渊命李世民与刘文静、长孙顺德、刘弘基、窦琮等人去招募士兵。不久，便募兵近万人。李渊父子大量募兵，毕竟无法完全掩盖其真实的想法，况且其所用将领长孙顺德、刘弘基是为了逃避征辽诏令而逃到太原的，而窦琮也是逃犯。高君雅、王威见此，怀疑李渊有谋反之心，于是就暗中策划利用到晋祠祈雨的机会，计划将李渊父子诱骗来全部杀死。不料此事被经常出入高、王家的刘文龙得知，刘文龙立刻将此事报告给李渊，李渊于是决定先发制人。

617年初夏的一天夜里，李渊命令长孙顺德、赵文恪等人带领五百壮士，和李世民的精兵一起埋伏于晋阳宫城外。第二天清晨，李渊与高君雅、王威在留守府大厅议事，按照计划，以高、王暗引突厥入侵为由，将其逮捕入狱。事也凑巧，第二天果然有突厥数万人进攻晋阳，民众以为是高、王所致，于是李渊趁机杀掉高君雅、王威。这标志着李渊父子正式开始晋阳起兵。

晋阳起兵后，李渊父子的目标就是乘虚入关，直取长安，以号令天下，建立新的王朝。

在长安的统治者听说李渊带兵进攻，忙派大将宋老生和屈突通分别领兵数万，在霍邑与河东抵抗李渊大军。大业十三年(617年)七月，李渊率军进攻宋老生驻守的霍邑，却逢秋雨连绵，无法开战，而且道路泥泞，军粮运输困难。但他听了李世民的意见，决定不撤兵。八月，连日的阴天终于放晴，李渊遂下令攻城，并由李世民率兵诱敌出城，双方展开决战。李世民身先士卒，奋勇冲锋，“砍杀数十人，两刀皆缺，流血满袖”。霍邑一战，李渊大获全胜。随后，李渊率兵进攻河东郡，虽取得初战的胜利，但是隋将屈突通固守河东郡，李渊久攻不下。后根据李世民的建议，李渊留下部分兵力包围和牵制屈突通，自己率主力部队渡过黄河，直取长安。

同时，李渊在关中地区的家属和亲族也纷纷起兵响应，其中有李世民的胞妹李秀宁、李渊的从弟李神通，李渊的女婿段纶也在蓝田县聚众万余人。在这种有利形势下，李渊父子一路上采取收揽人心的办法，废除了隋朝的严刑酷法，还开仓济贫，一面收编关中各地的起义军，一面争取关中地主阶级的支持。只过了几个月，李渊、李世民的军队就已达二十万人，

并于十月开始围攻长安。十一月，长安城破，李渊率军进入长安宫，立年仅十三岁的代王杨侑为帝，是为隋恭帝，并改元义宁，遥尊江都的隋炀帝为太上皇。李渊总揽军政大权，晋封为唐王。李建成为唐王世子，李世民为京兆尹、秦公，李元吉为齐公。

如李渊、李世民父子这样的人，身边能聚集一批对他们无比信服、忠贞不贰的人，难道不是因为这些人从他们身上看到了虽经历千难万险却终将胜利的信心吗？

审乎治乱之势，在动荡年代成为天下归心的英豪

贤人君子们是如何做到“审乎治乱之势”进而在乱世有所作为的？我们来看看，称雄战国史的苏秦“一怒而天下惧，安居而天下熄”的故事。

苏秦，字季子，战国后期洛阳乘轩里，也就是如今洛阳李楼乡太平庄人，著名的纵横家。年轻时，苏秦曾与孙膑、庞涓、张仪等人师从鬼谷子，学习阴阳学说、纵横之术。初下山游说诸侯，未能获得赏识，落魄归家后，他闭门发愤攻读兵书，不惜“锥刺股”：刻苦读书到深夜，免不了不知不觉睡着了，苏秦觉得自己浪费了时间，便用疼痛刺激法来保持清醒，用锥子扎自己的大腿。就这样，每当读书瞌睡时，苏秦就用锥子扎自己的大腿一下，疼醒之后，继续读书。经过几年的努力，自信学有所成，他开始游说六国。

他最先游说周显王，周显王身边的人向来对苏秦很了解，都看不起他，不信任他。苏秦于是就向西到了秦国。当时秦孝公已死，苏秦对秦惠文王说：“秦国是一个四面据有天险的国家，背靠华西，渭河绕境，东边有函谷关、黄河，西面有汉中，南面有巴蜀，北面有代郡和马邑，真是天府之国。凭借秦国士兵和百姓的众多、兵法的普及教化，就可以吞并天下，建立帝业。”秦惠文王当时刚刚诛杀商鞅，对论辩之士很痛恨，所以不用苏秦，说：“羽翼还未丰满时，就不可以高飞；国家的大政方针还未清明，就不可以去兼并别的国家。”

苏秦于是向东到了赵国。当时赵肃侯任命他的弟弟成为相，号为奉阳君。奉阳君不喜欢苏秦，根本不给他机会。

苏秦离开赵国后又到了燕国，过了一年多才得以见到燕国国君，然后就游说燕文侯，建议燕国与赵国结盟，共同抵抗强大的秦国。燕文侯听了苏秦的一番游说后，采纳了他的建议，说：“你的话是对的，但是我们的国

家很小，西边被强大的赵国胁迫，南边靠近齐国，齐国和赵国一样都是强国。你如一定要以合纵之策来使燕国安定，我可以把国家托付给你。”于是出资给苏秦配置车马金帛，让他去赵国。

当时奉阳君已死，苏秦把自己的合纵主张告诉赵肃侯。赵王说：“我年纪轻，继位的时间短，不曾听说过关于国家社稷的长远计划。现在你有志于保全天下，安定诸侯，我将恭敬地让整个国家听从你。”于是准备了一百辆装饰豪华的车子、千镒黄金、一百双白璧、一千束锦绣，让苏秦去邀约各诸侯国。

就在这个时候，苏秦的同学张仪走投无路，前来投奔。但苏秦推说有事，让他在门口等着，过了很长时间才让下人把他领进府中。张仪本以为能够得到老同学的同情和帮助，没想到苏秦不但不肯帮他，还对他冷嘲热讽，最后又让下人端出剩菜剩饭招待他。受到这样的打击，张仪心头火起，决定前往秦国寻找机会，与苏秦对着干。

顺利激怒张仪、逼他去秦国之后，苏秦又劝说韩宣王说：“韩国有这么强的实力，大王您又很贤明，却去向西侍奉秦国，拱手称臣，使国家蒙受羞辱，为天下人所笑，没有比这更糟糕的事了，所以希望大王您好好地加以考虑，大王您服侍秦国，秦国一定会索取宜阳、成皋。现在把这两地给了它，明年它又会来要求割地。这时候给它吧，已无可给之地，不给吧，就会前功尽弃，而且还会带来祸患。况且大王您的土地有限，而秦国的贪求无限，以有限之地去迎合无限的贪求，这就是所谓的买来怨仇，结下祸患，未经战争而国土已被削夺了。我听俗谚说：‘宁为鸡口，无为牛后。’现在向西拱手向秦称臣，与做‘牛后’有什么区别呢？以大王您的贤明，又拥有强大的韩国军队，却博得了‘牛后’之名，我私下里都替大王感到害羞。”

韩王听了勃然变色，挥动手臂，圆睁双目，手按着剑，仰天叹息说：“我虽然不肖，但一定不会去服侍秦国。现在你以赵王的教导来启示，我愿意恭敬地让我的国家听从你。”

苏秦又去向魏襄王游说。魏王说：“我这个人不成大器，不曾听到过明白的教导，现在你用赵王的诏令前来昭示，我恭敬地让我的国家听从你。”

苏秦又向东去向齐宣王游说。齐王说："我这个人不聪敏，齐国地处偏远，面临大海，是个交通不便的国家，不曾听到过有关的点滴教诲，现在你以赵王的诏令来号召我们，我恭敬地让我的国家听从你。"

苏秦往西南去向楚威王游说。楚王说："我的国家西面与秦国接壤，秦国有侵占巴蜀、吞并汉中的野心。秦国，是像虎狼一样凶狠的国家，不可与它结盟。而韩国、魏国迫于秦国的威胁，也不可与它们深加谋划，因为怕有反逆之人到了秦国，谋划之事还未发动而国家已面临危机了。我自己预料，楚国与秦国相抗，没有胜算；在内与群臣相谋，也不一定靠得住。因此我睡不安、吃不香，心旌摇晃，无所着落。现在你想合天下为一，收拢诸侯，保存危亡的国家，我谨以整个国家听从你。"

于是六国合纵结盟并同心合力，苏秦担任合纵盟约的盟长，同时成为六国的宰相。

苏秦北上回报赵王，经过洛阳，随行有大量的车骑辎重，诸侯各国派了很多使者送行，人们都怀疑是王者出行。周显王听说后很害怕，命人清扫道路，并派人到郊外犒劳。

苏秦让六国合纵结盟后，回到赵国，赵肃侯封他为武安君。苏秦把合纵的盟约书投送给秦国，秦国因此有十五年不敢窥视函谷关外的国家。

达乎去就之理，知己知彼，方可去就从容

要想“达乎去就之理”，达到普通人眼中的“知进退”，或许我们可以从战国时期魏国中山相李克的身上受到启发。

李克是在魏国攻破中山国后，由翟璜举荐为魏国中山相的。因治理中山有方，他多次被魏文侯召见奏对。有一次，魏文侯召见李克说：“先生你之前说过一句话，‘家贫思良妻，国乱思良相’，寡人觉得很有道理。如今魏国相位空置，魏成和翟璜都挺合适，我不知道该选择谁，你觉得这两人如何？”李克回答道：“作为下属，不应该参与领导长辈的事；作为外人，不应该过问血缘至亲的事。臣子我在朝外任职，不敢接受这个命令。”

魏文侯非要李克表态，李克只得说：“看人，可以看他日常生活中所亲近的是哪些人，有钱的时候所交往的是哪些人，显赫的时候所推荐的是哪些人，穷困潦倒的时候内心是否还有坚持和操守，囊中羞涩的时候为了生计会选择怎样的门路。仅此五条，就足以去断定人，又何必要等我明说呢！”魏文侯说：“先生请回府吧，我的国相已经选定了。”

李克离去，碰见翟璜。翟璜问：“听说今天国君召您去征求宰相人选，最终结果是谁呢？”李克说：“魏成。”翟璜立刻愤愤不平，马上变了脸色，说：“西河守令吴起，是我推荐的。国君忧心内地的邺县，我推荐西门豹。国君想征伐中山国，我推荐乐羊。中山国攻克之后，没有人去镇守，我推荐了先生您。国君的公子没有老师，我推荐了屈侯鲋。凭耳闻目睹的这些事实，我哪点儿比魏成差！”

李克说：“您把我介绍给你的国君，难道是为了结党以谋求高官吗？国君问我宰相的人选，我说了说我看人的经验之谈，所以我知道国君肯定会选中魏成为相。魏成享有千钟的俸禄，十分之九都用在外面，只有十分之一留作家用，因此向东得到了卜子夏、田子方、段干木。这三个人，国君

都奉他们为老师；而你所举荐的五人，国君都任用为臣属。你怎么能和魏成比呢！”翟璜听罢徘徊不敢进前，一再行礼说：“我翟璜，真是个粗人，失礼了，愿终身为您的弟子！”

李克真是深明“去就之理”的人，当魏文侯第一次向他请教的时候，李克并没有直接言明谁应该成为宰相，而是委婉地表达出无论从资历上还是从亲疏上自己均不适合作评判。这也是李克态度的表现：李克是翟璜推荐的，如若提名翟璜，则是有结党营私、公器私用的嫌疑；若不提名翟璜，难免会落下受恩不报的口实。况且，无论谁当宰相，最终决定权均在魏文侯手上，思来想去，不如推辞不谈，这是“首去”。

当面对最高领导的再次询问时，李克深知，自己不能再次推辞不谈。推辞一次是双方试探底线，再推辞就是不给魏文侯面子了，所以李克只能给出答案，并且这个答案必须是魏文侯心中的答案。李克是被翟璜推荐的人选，现在魏文侯再次询问自己，看来魏文侯心中的人选只能是魏成了，

明白是魏成，但还是不能直说，毕竟李克是翟璜推荐的人，所以李克既要让魏文侯清楚地了解明白，自己推荐的人是魏成，又不能直接提魏成，怎么办？李克用教科书般的答案回答了这个问题，就是制定规则、划定标准。当对方认同你所划定的标准，那么选择谁也就不言而喻了，毕竟这个规则标准是因人定制的。于是李克提出了五个选择的标准，按照提出的标准来选择宰相，魏成是比翟璜更合适的，但更为厉害的是，李克不仅完美解决了魏文侯的提问，并且帮助自己的推荐人翟璜在这次选相国活动中全身而退，为什么这么说呢？因为翟璜和魏成比起来，只有推荐的人与魏成相比差一些，如果没有魏成，那么翟璜就是魏相的第一人选了，所以，虽然翟璜输了这次相位争夺，但魏文侯一定会让翟璜从争夺中全身而退，这是"再去"。

而李克通过这次和魏文侯的对话，给魏文侯留下了不结朋党、一心为公的形象，在大领导心中留下好印象，这是"首就"。

出来碰见自己的推荐人翟璜，李克几句话就说服他本次不再为相位争斗。李克能说服翟璜，道理很简单，就三点，一、争不过；二、为什么；三、有退路。翟璜也是个聪明人，只是当局者迷，李克言语一拨，翟璜就立刻明白了这次肯定赢不了，输在什么地方，就算这次输了也不会伤筋动骨，所以翟璜才会对李克说自己是个粗人，愿意向李克多学多问。李克通过点出翟璜的不足，加重自己在翟璜心中的分量，这是"再就"。

几句话之间，李克就完成了"二去二就"，这样的人，不就是"达乎去就之理"的人吗？

李克能深谙"去就之理"，凭借的正是他所总结的观察其他人的经验。正是由于他仔细观察过魏文侯、魏成和翟璜三人，获取了足够的信息，才能帮助他做出正确的判断，用不同的回应说服不同的对象。而掌握全面完整的信息对于"达乎去就之理"的帮助，我们还可以从李克的另外一个故事中窥见一二。

李克治理中山，苦陉令年终上报的钱粮收入多。李克说："话说得好听，听了叫人喜欢，但不符合义，这种话叫作窕言。没有山岭、森林、湖泽、峡谷等自然资源而收入多的，这种收入叫作窕货。君子不听窕言，不接受窕货。暂且免除你的苦陉令吧。”

李克受翟璜推荐，成为中山相，并且在成为中山相后受到魏文侯多次召见，看来确实是个有实力有能力的人，这样的人自然明白，自己治下的苦陉具体是什么情况，每年收入的钱粮大致有多少。明明该地不可能有那么多收入，但确实报上来了，那么这些收入就不能是正经收入，而创造这些收入的苦陉令，就只能是李克眼中在穷困潦倒的时候放弃内心坚持与操守，没钱的时候用歪门邪道赚钱的人了。

所以这件事的逻辑应该是，李克因为苦陉令上报的钱粮中有窕货，继而推断出苦陉令所言为窕言，再而断定苦陉令此人为“窕人”，从而免除了苦陉令的职务。苦陉令这个人，看来是个不明白“去就之理”的人啊，多多上报钱粮，明明是想“就”，反而获得了“去”，这不可谓不是一种讽刺吧。

潜居抱道，以待其时，虽身怀道术，却韬光养晦

兴衰有规律，成败有定数，去留也有一定的原则。如果机会到来，乘势而行，就能位极人臣；如果乘势而动，就能建立盖世奇功。但如果遇不到这样的机会，就只能笃守正道，甘于隐伏。当然，这里的“隐伏”指的是“潜居抱道”，不是悲观消极地放弃作为，而是沉下心来，修身养性，储学积能，以便时机成熟时一展身手，成就大业。

《素书》中所说的这一道理，在历史上还可以找到大量例证，而其中最典型的莫过于诸葛亮隐居隆中和陶渊明终老田园这两个例子。

诸葛亮是三国时期著名的政治家、军事家，字孔明，琅邪郡阳都县（今山东省临沂市沂南县）人。诸葛亮的远祖诸葛丰曾在西汉元帝时做过侍御史、司隶校尉、光禄大夫等官。诸葛亮的父亲诸葛珪曾任泰山郡丞。诸葛亮在家中排行第二，上有哥哥诸葛瑾，下有弟弟诸葛均，另外还有两个姐姐。诸葛亮八岁时，其父诸葛珪去世，兄弟姐妹五人就由叔父诸葛玄收养。

东汉末年，军阀混战，诸葛亮的故乡琅琊阳都也遭受战火影响，一家人无法生活。此时，其叔父诸葛玄恰好出任豫章（今江西省南昌市）太守，诸葛亮姐弟四人于是便随叔父到豫章避难，诸葛瑾只身逃往江东谋生。不到一年，诸葛玄被军阀赶出南昌，只好带着家人投奔好友荆州牧刘表。但是没过多久，诸葛玄便去世了。此时，诸葛亮的两个姐姐都已嫁人，诸葛亮只好与弟弟一起来到荆州南阳郡邓县的隆中，盖了几间草屋，种了几亩土地，过起隐居的生活，此时诸葛亮年仅十七岁。

诸葛亮自幼聪慧，并且好学。隐居隆中后，虽然生活清贫，但是他边耕种，边求学，用大量时间博览群书，刻苦攻读诸子百家，即使是逸闻野史也不放过。诸葛亮读书与别人不一样，他不拘泥于章句之学，而是观其大略。经过多年的潜心钻研，诸葛亮不但上知天文，下知地理，而且通晓

兵法战术。虽然是隐居，但他十分关注天下大事，常自比春秋时期的齐国名相管仲和战国时期的燕国名将乐毅。

诸葛亮在隆中隐居时，结识了一批饱学有志的青年才俊，如博陵崔州平，颍川徐庶、石韬，汝南孟建，襄阳庞统等。他们经常聚会，纵论天下大事，畅谈个人抱负。有一次，诸葛亮对石韬、徐庶、孟建三人说："你们三人去做官，将来可至刺史、太守。"三个人问诸葛亮自己会怎样，诸葛亮笑而不答，可见他的雄心壮志更在三位朋友之上。另外，诸葛亮还结交了两位长者，即襄阳庞德公和颍川司马徽，此二人对诸葛亮的才华十分了解。有一次庞德公对司马徽说："诸葛亮为卧龙，庞统为凤雏。"司马徽对此比喻深表赞同。

诸葛亮是幸运的，他在隆中隐居了十年，二十七岁时终于遇到了值得自己辅佐的明君，这就是刘备。但更多的隐者，却终其一生，也找不到合乎心意的出仕机会——比如陶渊明。

陶渊明出生于没落的官宦家庭。曾祖父陶侃，官至大司马，封长沙郡公，是当时很有权势的政治人物。祖父陶茂，做过武昌太守，父亲也做过

安城太守。母亲是东晋名士孟嘉之女，外祖父孟嘉对陶渊明的影响很大。陶渊明八岁丧父，家道衰落，与母亲和五岁的妹妹相依为命。虽然生活很贫穷，青年时代的陶渊明也有过远大的志向，他曾在诗里说：

忆我少壮时，无乐自欣豫。猛志逸四海，骞翮思远翥。

——摘自《杂诗十二首·其五》

少时壮且厉，抚剑独行游。谁言行游近？张掖至幽州。

——摘自《拟古九首·其八》

但陶渊明早年没有做官，他二十九岁时，才因为母亲衰老、家道贫困的缘故，出而担任祭酒。不过，由于不能忍受官场的腐败和黑暗，没过多久便辞职不干了。后来，州里召他做主簿，他“辞不就”，在柴桑过起了自给自足的隐居生活。几年之后，陶渊明又出仕，但因母亲去世，他辞官奔丧回家守制。

有一次，他对亲戚朋友说：“我想过恬淡自娱的生活，现在出去做官，为隐居积攒一些衣食之资，不知可以吗？”当权者听说后，马上派他去做彭泽县令。上任没多长时间，有一天，浔阳郡郡守派一个督邮到县里视察，县吏告诉他：“您应该穿好衣服，束好衣带前去拜见。”陶渊明听后，叹了口气说：“我岂能为了五斗米，就向那些乡里小儿卑躬屈膝？”当天便辞了彭泽县令这个职务，回归故乡。陶渊明只当了八十多天的彭泽县令，从此就没有再做官，开始了长达二十多年的隐居生活。

陶渊明几次辞官，最终选择归隐，一方面是他爱好自由的天性所致，另一方面则是因为当时的社会环境让他不得不做出这样的选择。陶渊明所处的社会到底是什么样子呢？朝堂之上“雷同共誉毁，咄咄俗中愚”，正直的人要保持高洁的品性，延命于乱世，就只有隐居这一条路。

陶渊明心目中有自己的理想社会，这个理想社会就是他笔下《桃花源记》中的世外桃源：桃花源人日出而作，日落而息，到了收获季节，他们能够“春蚕收长丝，秋熟靡王税”，所有的收获都归自己所有，而不必交繁重的苛捐杂税。此外，这里没有兵丁、官吏，完全是一个没有剥削、没有压迫，人人平等的社会。陶渊明知道在一个充满着阴谋、屠杀、战争的社会中，他的“世外桃源”只能是一种奢望，于是便隐居起来，希望在他隐居的狭小的生活范围内，能找到心灵的安宁。

元嘉四年(427 年)，陶渊明在贫病交加中死去，享年六十三岁。因此，陶渊明的一生，正如《素书》中所说:“如其不遇，没身而已。”陶渊明虽怀绝世之才，但当客观条件不具备时，他并没有为了施展自己的才能而去蝇营狗苟，而是毅然选择了“抱道而终”。

时至而行，得机而动，在绝境中进退自如

玄武门事变后，有人向李世民告发魏征，说他参加过李密的起义军，投到李建成手下后，还劝说李建成一定要杀掉李世民。李世民听到最后这句话，立刻把魏征找来，问魏征为什么要挑拨他们兄弟的感情。朝堂上的大臣都认为，魏征这次必死无疑，但魏征却用平常语气说："可惜，那时候太子不听我的，否则就不会发生后面的事了。"李世民想了想，觉得魏征很有胆识，不但没有加罪于他，反而将他作为心腹幕僚留在身边。就此，魏征辅助唐太宗李世民开启大唐盛世，最后位列凌烟阁二十四功臣。

魏征凭什么能够在绝境中进退自如？究其原因，应该是他读懂了"若时至而行，则能极人臣之位；得机而动，则能成绝代之功"吧。

魏征是唐朝初年杰出的政治家、思想家、文学家和史学家，最开始也只是一个普通的读书人。南北朝末期，北方由北周统治，南方由南陈政权统治。580年，魏征出生于巨鹿郡下曲阳县，一年之后，杨坚篡取了北周的皇位，建立隋朝，又在几年之后南下灭陈，彻底统一了天下，结束了南北朝上百年的割据对峙状态。魏家是山东士族，不过，从魏征出生开始，魏家就每况愈下。这一方面是因为隋朝建立后，关陇士族全面掌权，山东士族和江南士族相对式微；另一方面是因为魏征很小的时候，父亲就去世了，日子过得很艰难，一日三餐都难以为继。毕竟是世家子弟，魏征虽家中贫穷，却喜欢读书，后来在出家当道士期间，更是广闻博记，具备了丰富的学识。有一年，魏征在河北魏县一带游历，当地有个叫元宝藏的郡丞听说了魏征有些才华，便将魏征召到自己麾下做官，帮着处理往来的文书，写一写政令和信件等。

后来，天下人都反隋炀帝杨广，魏征随着元宝藏归顺了李密。李密发现归顺信函写得很好，一问之下才知道，那是魏征写的。于是，魏征跟了

李密。这个时候，中原已经彻底乱了，李渊、薛举、萧铣等隋朝几大著名枭雄都正式起兵，而瓦岗军在李密的带领下，横扫大半个河南，已经是当时最强的一支农民军。投靠李密之后，魏征雄心勃勃地提了十条壮大瓦岗军的计策，但出身关陇世家的李密只是接受，并不实施。作为顶尖的谋士，李密本人已经有了完整的战略规划，知道自己接下来要怎么发展。不过，这事让李密看到了魏征的才华，将魏征留在身边做自己的谋士。之后，魏征多次向李密进谏，但都没有被采纳，直到一年后，瓦岗军被王世充大败，魏征作为谋士，又跟着李密投靠了李渊。

这一次，李密率部逃往关中，打算依靠关中李渊的力量东山再起，其实是假投靠；而魏征因为自己的计策屡次得不到采纳，也彻底了解了李密的为人，所以是真投靠。正因为如此，当李渊需要有人去说服瓦岗军余部首领徐世绩时，魏征站了出来，亲自给徐世绩写信，让徐世绩彻底投降。果然，徐世绩接到魏征的信之后，投降了李渊。与此同时，魏征还接受任命，前往山东帮李渊招抚山东士族。

就在魏征为接受瓦岗降军和招抚山东士族而奔波时，他又迎来了自己人生的另一个意外：徐世绩投降了，但李渊的大部分兵力都在关中和山西地区，所以必须按计划拿下洛阳，将瓦岗军的地盘和关中区域连成一片，可唐军刚刚开始进攻洛阳，李渊后方出事，不得不暂时撤回主力以应对。结果，瓦岗军地盘没有及时被唐军接收，却成了王世充和窦建德嘴边的肥肉。最终，身在瓦岗的魏征和徐世绩等人，被窦建德一战击败，收入麾下。这一次，魏征成了窦建德的秘书。

两年后，李渊解决了后顾之忧，派李世民统军前往洛阳进攻王世充。洛阳被围，王世充向窦建德求救。窦建德率领十多万大军来援，结果却被李世民在虎牢关一战击溃。魏征随着投降的队伍来到长安，迎接他的是太子李建成。李建成对他礼遇有加，推荐他担任太子洗马。年过四十的魏征十分感动，成了李建成的心腹，也终于开始了他的顺利人生，娶妻生子，而且娶的是河东裴氏的女子。

随后几年，李建成很重视魏征，也听得进去魏征提的意见；魏征也一直尽心尽力帮助李建成，替李建成出谋划策。随着唐朝统一天下，李建成和李世民的斗争愈演愈烈，李世民这边，最让李建成头疼的是房玄龄和杜如晦；而李建成那边，最让李世民头疼的人就是魏征。也正因为如此，玄武门之变后，李世民不仅没有杀魏征，还重用了他，而魏征也渐渐成为李世民的心腹：在之后的政治生涯里，李世民只要有一点儿做法和政策不到位，立马就引来魏征的直谏。魏征去世后，李世民想念他，感慨地说："夫以铜为镜，可以正衣冠；以古为镜，可以知兴替；以人为镜，可以明得失。"

梳理魏征不断被迫"变换赛道"的过程：跟随元宝藏起兵响应李密，跟随李密投唐，被窦建德生擒收入麾下，二次投唐在太子李建成门下，玄武门之变后被李世民重用——这样复杂的经历，却能一直保持正直无私的本性，究其根本，其实还在于魏征本着清静无为、"仁义"行事的原则，"时至而行，得机而动"，始终尽心事主，以江山社稷、天下苍生为重啊！

所遇非时？璀璨烟火，千年依然温暖人心

在大唐诗人中，乐观、豪迈、刚毅、倔强的刘禹锡被称为“诗豪”，一直到今天，我们依然在读他的“自古逢秋悲寂寥，我言秋日胜春朝”，读他的“山不在高，有仙则名。水不在深，有龙则灵。斯是陋室，惟吾德馨”……

刘禹锡少年成名，二十一岁中进士，得遇一生知己柳宗元，后来又和白居易、元稹成为至交；三十岁迁监察御史，受到重臣王叔文器重，称他有宰相之才。然而，就在他三十三岁这年，他同时迎来了自己的人生巅峰和低谷。正月，唐德宗驾崩后，当了二十多年太子的李诵即位，为唐顺宗。安史之乱后，朝堂混乱，百姓流离，民不聊生，唐顺宗登上帝位，立即起用原太子侍读王叔文、王伾等素有改革弊政之志的有识之士，开始了一场称为“永贞革新”的变革。受王叔文器重的刘禹锡和好兄弟柳宗元一道成为革新集团的核心人物。热情高涨的“二王刘柳”在皇帝的支持下，迅速推出了不少具有积极意义的改革措施。

但他们没有料到，这场改革不仅很快就被扑杀，甚至连皇帝都被拉下马。可怜的唐顺宗，仅仅当了一百八十多天皇帝，就被迫退位为太上皇。而改革者的命运更加悲惨，王叔文赐死，王伾被贬后病亡，刘禹锡与柳宗元等八人先被贬为远州刺史，随即被加贬为远州司马。同时贬为远州司马的共八人，加上二王，史称“二王八司马事件”。

刚刚登上权力巅峰的刘禹锡就此被打入谷底：此前，他是人生得意的翩翩佳公子，风流倜傥；此后，他是天涯独行客，漂泊江湖。

这年秋天，刘禹锡又被贬为朗州司马。朗州，就是现在的湖南常德——长江经济带重要节点城市，但在古代很长一段时期，那里虽是湘西北的政治中心，却属于边远蛮荒之地。以戴罪之身在这样的地方一待就是

十年，刘禹锡生活得怎么样？做了些什么？

既是戴罪之身，日子自然好不到哪里去，苦寒是必然的，但“谪居沅湘间，为江山风物所荡，往往指事成歌诗”，他存世的八百多篇诗文中，有四分之一，也就是近二百篇写于这个时期，这是有多么的不甘沉沦、热爱生活啊！他用民歌、咏物诗、寓言诗记录当地农民的劳作习俗，生动描绘当地的风情与风俗，鞭挞丑恶、歌咏光明，“昔贤多使气，忧国不谋身”，有德才的人，忧虑的是国家兴衰，而不是个人安危得失。字里行间流露的都是斗志昂扬的豪迈精神，全无以往文人对于贬谪的哀怨和愤慨。

对于自己的政治生涯，对于参与“永贞革新”，他始终坚信自己的选择是利国利民的，那些谗言蜚语，他根本不放在眼里，也丝毫不能影响他对生活的热爱。阳光所到之处，必然是温暖的，正如刘禹锡的一生，因为一直蓬勃向上、生机盎然，每一次经历，哪怕是逆境，也能给予他强大的创造力，无形中帮助他一步步实现自我超越，最终成为一代诗豪。

近十年过去，刘禹锡和柳宗元等人终于有机会奉旨回京。十年的磋磨，估计这些人的棱角已经被磨平了吧？高昂的头颅已经垂下了吧？并没有。回京后过了一个新年，刘禹锡的一首新诗就在长安上了“热搜”，只因其中有一句“玄都观里桃千树，尽是刘郎去后栽”。诗句表面上是写玄都观里栽种的那些一望无边的桃树，全都是在刘禹锡被贬离开京城后栽的。实则是赤裸裸地映射如今朝堂的权贵们是在刘禹锡被排挤后被提拔起来的。结果不出意外，刘禹锡再次被贬，而且被贬到了比朗州更偏远的播州，也就是现在的贵州遵义。还好，因为当时的重臣裴度和刘禹锡的好兄弟柳宗元帮他说话，他改贬连州刺史，去了相对于贵州要好很多的广东。

被贬连州五年，刘禹锡又干了些什么呢？重教兴学、发展农业、推广中医，样样都是功在当代、利在千秋的大事儿，以至于唐宋时期的广东科举场出现了“连州科第甲通省”的盛况，连州的文化由此进入兴盛时期。

因母丧离开连州后，丁忧期满，刘禹锡被任为夔州刺史，来到了今天的重庆奉节，依然一手民生一手创作，那句著名的“东边日出西边雨，道是无晴却有晴”就是在这里写的。在重庆干了两年多，刘禹锡又被调任和州刺史，到了现在的安徽和县，在这里写下了我们今天仍然能在中学课本里读到的《陋室铭》。又两年后，刘禹锡终于结束他二十三年的贬谪生涯回到洛阳，回到朝堂。好朋友们都深感不平，但刘禹锡不这样认为，他说："沉舟侧畔千帆过，病树前头万木春。"

被贬半生，归来仍是诗豪。"种桃道士归何处，前度刘郎今又来"，似乎一切都会好起来，但东山再起谈何容易？风云变幻、天威难测，刘禹锡还没在长安站稳脚跟，就被外派苏州任刺史。几年后又北上，相继担任汝州刺史、同州刺史，改任太子宾客、秘书监居东都洛阳，最终回到长安加检校礼部尚书衔——这一年已是会昌元年（841 年），此时，刘禹锡已经是古稀老人了。第二年，也就是会昌二年（842 年），刘禹锡病逝于洛阳。

从开成元年（836 年）改任太子宾客、秘书监，到会昌二年（842 年）去世，这期间的六年时间，是刘禹锡一生中难得的安闲时光。虽然人老病多，眼睛不好使，胳膊、腿不方便，但老朋友却是极好的，尤其像白居易、裴度之类的好友，喝酒、吟诗、郊游，三大爱好一个都不少，更是其乐无穷。"莫道桑榆晚，为霞尚满天"，晚霞的火红璀璨，也能照亮整个天空！

这晚霞，照亮的可不仅仅是中唐的天空，"如其不遇，没身而已。是以其道足高，而名重于后代"，刘禹锡和他的文字，依然照亮着我们此刻头顶的天空啊！

第三章

明事顺理，
各尽其道，
高尚的品德让人信服

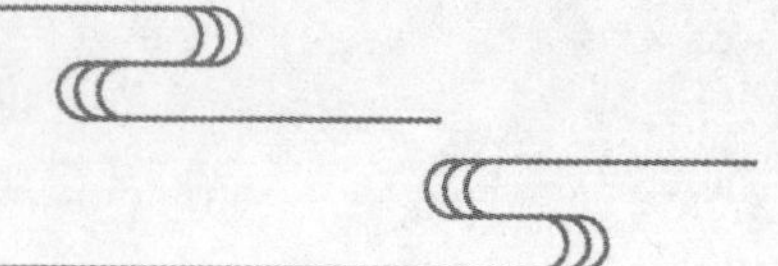

《素书》正道章第二

德足以怀远，信足以一异，义足以得众，才足以鉴古，明足以照下，此人之俊也；

行足以为仪表，智足以决嫌疑，信可以使守约，廉可以使分财，此人之豪也；

守职而不废，处义而不回，见嫌而不苟免，见利而不苟得，此人之杰也。

德足以怀远，从来天意是民意，人心向背定成败

早在三千多年前，周公旦就将天意与民意相统一，将人们“敬畏”天意的心理引向四个方面：敬畏“天命”，不敢违抗上天命令；敬畏先祖，不能背弃先王的信念和事业；敬畏道德，心存仁爱；敬畏礼法，不敢求安逸。他提出了畏天、敬德、保民等主张，是中国古代“德治”思想的源头。

周公旦是周文王的第四个儿子、周武王姬发的弟弟、周成王的叔叔，是我国古代著名的政治家、军事家、思想家，因其采邑在周，爵为上公，位居太傅，系三公之一，故称周公。周文王姬昌在世的时候，周公非常孝顺，忠厚仁爱。姬发即位后，仍以周公为辅相，无论是军国大事，还是其他的疑难小事，总是与周公商讨。

武王日夜思虑灭商之事，考虑着怎样才能得到诸侯的配合与响应。正式即位那年二月，武王和周公商量：庄稼到秋天成熟了，如果不收获，颗粒会自动落地；如果推翻商朝的时机到了，我们应该怎么做呢？周公说：“决定的因素在于德。对周人来说，最重要的是要敬尊天命。具体来说，远近诸侯都不要冒犯，已经和好的诸侯不要再失去。要继续修明道德，不要安逸无为，否则会难以收拾。”一句话：首先做好自己；然后把朋友搞得多多的，把敌人搞得少少的。

武王心里一直在谋划灭商，但又总担心自己思虑得不够周全。所以，隔段时间他就会问周公一些问题，比如：自己早晚都在戒备殷人，可不知道怎么做才是最好的办法。周公每次劝诫武王：要顺德谋事。

终于，武王九年，在周公的辅佐下，武王开启了他即位后的第一次大规模出师：先祭祀天神，然后向东校阅军队，一直到达孟津，举行了孟津会盟与誓师。这次会盟，周军制作了周文王的神主，用车子载着，置于中军。武王自称“太子发”，表示是奉文王之命进行征伐，不敢自己专行。虽

然只是一次“演习”，但熟悉了地形和路线，为以后大军渡河北伐做好了准备。同时，也试探了商朝的虚实和诸侯的反应——这次会盟，不期而至的有八百诸侯。

孟津观兵后的第二年十二月，武王在周公等人的帮助下，统率战车三百辆、虎贲三千人、甲士四万五千人，联合其他诸侯国的几千辆战车和数万名士兵，前往朝歌讨伐商纣王。渡过盟津来到牧野，他们遇见了纣王派出的由奴隶组成的七十万大军，历史上著名的“牧野之战”就此打响。

大战前，周武王召集军队，发表了慷慨激昂的誓师之辞，《尚书》中的《牧誓》记录了整个过程。第一段记录了周武王当时的形象，左手执黄钺，右手挥着白旄旗。钺是一种形状像大斧的仪仗兵器，其柄为木制，君王常用钺来象征自己的军事指挥权。第二段记载周武王命令盟国和周国的将士们整齐队伍，认真听誓。第三段是周武王的誓词，他首先抨击纣王宠爱妇人、荒废国事；然后谴责纣王疏远贤臣，任用奸佞小人，同时强调伐商是顺应天命的；最后，武王申明作战时的军纪，号召将士们一鼓作气杀到商的都城，但是不要滥杀投降的敌人，而不服从军纪的人将会受到惩罚。

誓师之后，战争打响。没想到，周军和盟军正往前冲杀，纣军竟掉转矛头、往回冲杀！纣军溃败，纣王登上鹿台，自焚而死。第二天，周公手持大钺，召公手持小钺，站在武王左右，向上天和殷民宣布纣王的罪状，正式宣布商朝灭亡，周朝取而代之，武王为天子。此时，周公手持大钺，可见其地位仅次于武王。

周人取得政权后，根据当时"灭国不绝祀"的原则，保留了殷人的祭祀。周武王让纣的儿子武庚仍继承殷王位，统治殷商故地，同时安排自己的弟弟管叔、蔡叔、霍叔驻守在殷都周围的邶、鄘、卫三国，以监视武庚，史称"三监"。

周公制定和推行了一套典章制度，其中最重要的是嫡长子继承制和贵贱等级制。在殷商时，君位的继承多半是兄终弟及，传位不定。周公确立的嫡长子继承制，即以血缘为纽带，规定周天子的王位由嫡长子继承；同时把其他儿子分封为诸侯卿大夫，他们与天子的关系是地方与中央、小宗与大宗的关系。周公还制定了一系列严格的君臣、父子、兄弟、亲疏、尊卑、贵贱的礼仪制度，以调整中央和地方、王侯与臣民的关系。

克商后第二年，武王因病去世，年幼的成王即位，由周公摄政。而武王的弟弟中管叔最长，按照兄终弟及的惯例，他最有资格摄政。因此他认为周公篡改了武王的遗命，加之周公制定的礼制严格限制了诸侯势力，引起了武王诸位弟弟的不满和猜忌。商朝旧贵族本有复辟之心。故管、蔡、霍与武庚联合叛乱，起来响应的还有几十个原来同殷商关系密切的大小方国。在稳定了内部后，周公奉命出师，亲率大军东征，讨伐"三监"叛乱，进行了"二次克殷"。前后三年，周公平定了三监之乱，彻底征服殷族，巩固了周王朝的统治，并将国家势力扩展至东海。

周公摄政七年，不仅取得了武力平叛的胜利，而且还建立了宗法制、分封制、礼乐制等制度体系，创造了以推崇"礼乐"为特色的"德治"和"王道"模式。待成王长大成人，周公还政于成王，自己重新回到大臣的位置。

明德修身、明德慎罚、敬德保民。《尚书》中“德”字首先出现在《尧典》中，“克明俊德，以亲九族”。俊德是指一种职责德性，它可以使九族亲睦、万邦协和。

信足以一异，义足以得众，成大事者必讲信义

齐国的相国孟尝君在薛地被封万户食邑，无奈他“好客养士”“好善乐施”，门下有食客三千余人，封邑的收入不够奉养食客，于是他派人到薛地放债收息以补不足。但是放债一年多了，还没收回息钱，孟尝君于是想在食客中挑选一个人，去为他收取息钱。有人推荐一位叫冯谖的食客，说他年龄大，又没什么别的技能，也就适合去收债。孟尝君请来冯谖，问他可否愿意去，冯谖爽快地答应了。

一年前，冯谖因穷困潦倒，没法维持生计，托人请求孟尝君，在他的门下寄居为食客。当时，孟尝君问他有什么爱好，回答说没有什么爱好；又问他有什么才能，回答说也没有什么才能。孟尝君听了后笑了笑，还是接受了他。但他为了试探孟尝君的胸怀和眼光，曾三番五次地向孟尝君提出近乎苛刻的要求，而孟尝君无一例外地都满足他，从来不嫌弃。不仅如此，得知冯谖老母亲健在，孟尝君还特地安排人送些吃的用的过去。这使冯谖深受感动，决心不再向孟尝君索取，一心一意地等待为孟尝君效力的机会。

机会终于来了。冯谖准备好车马、行装，拿了债券契约，临出发前，他去向孟尝君告辞，询问收完债回来时是否有需要买的东西。孟尝君回答说，你看我家缺什么，就买什么吧。然后，冯谖驱车到达薛地，派官吏召集应该还债的人，偿付息钱，结果得息钱十万，尚有多数债户交纳不出。冯谖便用所得息钱置酒买肉，召集能够偿还息钱和不能偿还息钱的人都来验兑债券。债户到齐后，冯谖一面劝大家饮酒，从旁观察债户贫富情况；一面让大家拿出债券验兑，凡有能力偿还息钱的，当场订立还期，对无力偿还息钱的，冯谖即收回债券，并假传孟尝君的命令，为无力还款的老百姓免去了债务，当着大家的面，把那些债券统统烧掉，这让欠债的人喜出

望外。

孟尝君听到冯谖烧毁契据的消息，十分恼怒。冯谖刚返回，孟尝君就问他都买了什么？冯谖说：薛邑虽小，但也是您的封地，您不把那里的百姓当作自己的子女一样加以抚爱，却用商贾手段向他们敛取利息，我认为不妥，就假托您的旨意，给那些无力偿还的百姓免去了债务，“焚无用虚债之券，捐不可得之虚计，令薛民亲君而彰君之善声也”，这就是我给您买的“仁义”。孟尝君听后虽然心里不快，但也无可奈何，只得挥挥手，很不高兴地说：“你去歇着吧。”

一年后，齐王开始对孟尝君起疑心，就命他返回自己的封邑。孟尝君的车辇离薛地还有一百多里，薛地的百姓就扶老携幼、争先恐后地跑过来迎接孟尝君。孟尝君回头对冯谖说：“冯先生，你当初为我买的仁义，今天我终于看到了啊！”

“钱财如粪土，仁义值千金”，孟尝君感悟到的，就是我们今天仍念念不忘的吧？

南北朝时，前秦大臣、辅国将军王猛率大军十六万人讨伐前燕。当时，前燕重臣慕容评驻军潞州。王猛率军前来，与慕容评两军对峙，继而派遣手下将领徐成刺探燕军军情，并命令他中午必须返回。哪知道直到黄昏，徐成才来复命。王猛因此很生气，要斩了徐成。

建威将军邓羌帐前求情说："当前情况，敌众我寡，而且明天一早就要开战，将军不妨暂且宽赦徐成。"王猛质问道："不斩徐成，军法何以立威？！"邓羌再次求情说："将军，徐成是我的下属部将。他延误军机，理应问斩，但我情愿与徐成一起，拼死杀敌，立功赎罪。"

王猛仍不为所动。邓羌失了面子，非常气愤，回到自己的军帐，立即召集麾下将领，击鼓整军，要攻打王猛，讨回尊严。王猛闻讯，反而觉得邓羌既讲义气又勇猛无比，就派人给他传话说："将军暂且休兵，我这就赦免徐成。"

徐成被赦免后，邓羌立即来到王猛帐前表示感谢，并负荆请罪。王猛立即离座，上前拉着邓羌的手笑道："前番我貌似无情，其实只是试探而已。将军真是有情有义，您对属下部将都这么重视，何况是国家大事呢？"

"交友无贫富，情义重千金"，有情有义，身边自然会有肝胆相照的兄弟和战友。

管仲名夷吾，是颍上人。管仲年少时常与鲍叔牙往来，因为家贫，他常常骗取鲍叔牙的财物。鲍叔牙知道管仲很有才能，一直好好待他，不提这些事。后来鲍叔牙跟随齐国的公子小白，而管仲跟随了公子纠。等到小白被立为齐桓公并杀了公子纠时，管仲也被囚禁起来。鲍叔牙于是向齐桓公推荐管仲。齐桓公重用管仲，让他执掌齐国之政。后来，齐桓公之称霸，九次会合天下诸侯，匡扶天下正道，都是用了管仲之谋。

管仲担任齐国宰相、执掌齐国之政后，因为看到齐国占地狭小，又靠近海边，便重视通商，积累财富，使国家富裕，军队强大，并顺从百姓的好恶意愿。所以他说："只有仓库里的粮食堆满了，老百姓才会重视礼节，只有老百姓丰衣足食了，他们才会知荣辱。在上位的人遵守礼度，亲属内部才会团结。不讲礼义廉耻，国家必然灭亡。上面发下的政令好比是流水的源头一样，一定要使它顺乎民心。"

管仲执政时，善于把坏事变为好事，把失败转化为成功；注意处理事情的轻重缓急，谨慎地权衡事情的利弊得失。齐桓公本来因为蔡姬之事发怒，要南下袭击蔡国，管仲却劝齐桓公讨伐楚国，谴责楚国不向周室朝贡包茅。齐桓公实际上是想往北征讨山戎，而管仲却借此劝燕国修改召公时的国政。在柯地会盟时，齐桓公想背弃跟曹沫订立的盟约，管仲却劝齐桓公守信，使天下诸侯归心于齐。

顺乎民心、天下归心，为何？“信足以一异，义足以得众”啊！

行足以为仪表，又哪里仅仅是因为外在表象呢？

北宋庆历五年（1045 年），因为与范仲淹、富弼、欧阳修等推行“新政”，韩琦被贬出京城，到扬州任太守。这一年，在韩琦的官署后花园里，有一株“金带围”芍药花分出四枝，每枝都开有一朵花。这种花红色的花瓣将一圈金黄色花蕊围在中间，好似红袍围着金腰带。民间相传，此花一开，就要出现安邦定国的相才。韩琦看到这个奇景，想到民间传闻，决定再约三位有朝官身份的客人来一起观赏，以应四花之瑞。于是，便请了王珪、王安石、陈升之，四人聚会，各簪金带围一朵，甚为欢乐。

三十年后，有人想起了这次聚会，回看这四个人的经历，竟发现这四个人都先后拜相，完全应验了那个传说。这就是发生在北宋时期“四相簪花”的故事，曾做过扬州司理参军的北宋科学家沈括，将这个故事记载在他的《梦溪笔谈·补笔谈》中，后来，我国古代非常有名的启蒙读物《龙文鞭影》中也有“韩琦芍药，李固芙蓉”的句子。

可见，这个故事在当时和后世，影响都是非常大的。然而，四人相继为相，真的是祥瑞降身、命中注定吗？其实也未必。俗话说“物以类聚、人以群分”，能相聚品酒赏花的人，多半是三观一致的人，其中，年轻人对年长者满心向往，想要成为那样的人；而年长者始终“行足以为仪表”，是年轻人长久以来的榜样。这样才成就了一段后人难以复制的千古佳话。

这四人中，韩琦和王安石，是北宋最著名的两位宰相。北宋第一名相韩琦，天圣五年（1027 年）登进士科，时年 19 岁的他是这一届的榜眼。因为敢言、直言，每次谏言都一针见血地指出权力中枢的不作为。他入仕之后深受比他小两岁的宋仁宗赵祯的器重，从最初的谏官，到后来位居宰相之位，韩琦都是宋仁宗时大宋权力中枢的重要成员。

看起来，仁宗朝似乎是宋代最好的时代，“唐宋八大家”中的“宋六家”，还有我们熟悉的杨家将第三代杨文广、“包青天”包拯，都是这个时代的骄子。然而，其时的内忧外患，已经非常严重了。内忧：国库空虚、灾情频发引发民变，正如欧阳修在《欧阳文忠公文集·卷一百》中所说，“今盗贼一年多如一年，一伙强于一伙”，而朝中身居高位的庸臣竟毫无治国的良方，眼睁睁看着事态逐渐失控。外患：“澶渊之盟”虽然短暂缓解了宋辽之间的争端，节省了巨额开支，但使得大宋忘战去兵、武备皆废，北宋的北疆依旧处于辽的军事威胁之下。不仅如此，定难军节度使李元昊拥兵自立，建国号大夏，成为北宋西北边陲的一支劲敌。

积贫积弱的北宋急需改革，以摆脱来自内外的忧患。在这样的背景下，韩琦“相三朝、立二帝”（做了十年宰相，拥立两位皇帝），上定国策，下抚百姓，勤勤恳恳，尽职尽责，主持“庆历新政”，朝野广为称颂；在西北边疆御敌，与范仲淹并称“韩范”，使西夏不敢来犯。

韩琦少年时，有大志气，端重寡言，不好戏弄；性纯一，无邪曲，学问过人。从政为官，韩琦对自己要求也很高，不仅注意大节，而且对生活细节也不轻慢，面必净、发必理、衣必整，表现出勿傲、勿暴、勿怠，宜和、宜静、宜庄的容止。扬州博物馆现藏有一幅清代“扬州八怪”之一黄慎的《照镜图》，图中的韩琦清晨刚起，只见他面容自得、美髯长须、宽袍阔袖，正对镜理妆、双手正冠。黄慎通过描绘其高大的形象，让观者透过外表，感受韩琦的洁身自好、清廉自爱。

韩琦不仅注重自己的仪表，也注重属下官员的仪表。因为担心下属官员生活放荡、作风腐败，他常常通过一些生活细节，观察他们是否自律。

就在韩琦任扬州任知州时，刚进士及第不久的王安石是他手下的幕僚，常常通宵达旦读书，清晨来不及洗漱就匆匆忙忙跑去上班，其状可想而知。韩琦见了，怀疑王安石和很多年轻人一样“夜饮放逸”，便直言不讳地提醒王安石：年纪轻轻的，要多读书求进步，好好约束自己。为了勉励王安石，“金带围”花开，邀请人来观赏时，他特地叫上王安石，自己则是衣冠整齐、头上簪花先做榜样。

但王安石是一个不拘小节的人，生活非常简朴，衣食住行完全不讲究，甚至不修边幅到了邋遢的地步。有一个故事，说的是有一次王安石面见皇

帝，正交谈的时候，皇帝突然笑了起来。他当时不明所以，后来问皇帝身边的人才知道，讲话的时候虱子钻出来爬到了王安石的胡子上，皇帝看到了便忍不住笑出了声。一个人可以不修边幅到如此程度，也是旷古奇闻了。

有人认为，王安石对韩琦的批评，是不能接受的，内心对韩琦是有意见的。后来，当王安石与韩琦在政见上有所不合时，某些人就以当年韩琦批评他不注意仪表之类的事情来挑拨两人的关系。王安石闻言，坦荡地回击："韩公德量才智，心期高远，诸公皆莫及也。"

榜样之所以成为榜样，哪里是普通人能看到的外在表象呢？榜样的力量是无穷的，只要行得正，站得稳，终会被人理解。韩琦之后，另一位宋代历史上的大人物欧阳修执掌扬州一地，他在细细研究韩琦的为官为人之道后，敬佩得五体投地，说"遵范遗政，谨守而已"。他以韩琦为榜样理政，所以百姓安居乐业，怡然无忧。

《韩魏公集》序言中说："公历事三朝，辅策二朝，功存社稷，天下后世，儿童走卒，感慕其名。"这是后人对韩琦相当准确的评价。

智足以决嫌疑，知人者智，辨是非、做决断

《宋史》记载有北宋太宗、真宗两朝名臣张咏的一件事，说他任杭州知州时，正逢饥荒，有很多百姓去贩卖私盐度日，官兵捕拿了数百人，张咏只是随便教训了几句，便都释放了。部属们说："私盐贩子不加重罚，恐怕难以禁止。"张咏道："钱塘十万家，饥者十之八九，若不贩盐求生，一旦作乱为盗，就成大患了。待秋收之后，百姓有了粮食，再以旧法禁贩私盐。"这个故事，表面看是说这位杭州知州通情达理，其实是在教育后世官员防微杜渐。正如苏东坡对他的评价："以宽得爱，爱止于一时。以严得畏，畏止于力之所及。故宽而见畏，严而见爱，皆圣贤之难事，而所及者远矣。"

还是这位张咏，他任崇阳县知县时，治下的百姓以种茶为业。张咏对他们说："茶叶利润比较丰厚，朝廷准备实行专营，你们不如早些另找门路。"接着他就命令百姓毁掉茶园，改种桑树，百姓深以为苦。后来，朝廷果然对茶叶实行专卖制度，别的县百姓以茶为业，都失业了；而崇阳县的桑树都已长成，养蚕织绢，每年产量达百万匹。当地百姓感念张咏为他们带来的恩惠，立庙报答他的恩德。

明代衡山人文林在永嘉当知县时，当地盛产上好的梨，有人拿去献给宦官，于是宦官就命令百姓要以好梨进贡朝廷。文林说："吃梨子对百姓能有多大的好处？但百姓如果每年都要以梨子进贡，那害处就太大了。"于是让百姓把梨树全部砍掉。宦官一怒之下，便向皇帝说文林的坏话。好在朝廷正令各地举荐政绩卓越的官员，有人推荐了文林，他才获得赦免。

做一地父母官的人让百姓伐树避害，这种见微知著的智慧，多少人有？这种爱民之情，当时又有多少人能理解呢？

战国初期，赵武灵王想要攻打位于今河北省中部偏西的中山国。这是

一个很狭小的国家，地处燕赵魏齐中间。一位叫李疵的大臣被派去侦察。很快，他就回来报告赵武灵王："看中山国的情形是可以讨伐的。但如果我们不能立即出兵攻打，恐怕就轮不到我们了，别的国家怕是会捷足先登啊！"武灵王听了这话之后，内心大疑，便问："你怎么知道一定会这样？"

李疵回答："中山国的国君经常驾车出宫，我追踪了几次，原来他是去一些陋巷中拜访请教一些士君子，一共有七十家。这就是中山国将亡的征兆。"武灵王听了之后，不解地问："依你这样说来，中山君是一个贤明的君主啊，大家怎么会去攻打他呢？"

"不见得啊，一个国君重用士君子固然应该，但是过分重用，百姓就会追求虚名，不会务实；再说如果特别尊崇推奉贤者，则农夫必定会怠忽懒惰，士兵也会胆小不敢勇猛作战，都这样了还能安然存在而不被消灭，真是世上少有的事了！"李疵的话，武灵王也不敢完全相信，决定先观察观察，就没有立刻下令出兵。

中山国那边，有一天，国君大宴宾客，分羊羹时，一个名叫司马子期的人没有分到，他一气之下，跑到楚国，泄露了中山国的军政机密，极力说服楚王出兵讨伐。楚王当机立断，即刻发兵，结果，不费吹灰之力就攻下了中山国。赵武灵王得到消息，这时才深深觉得李疵对事情的剖析，十分精明独到。

知人者智，明智的人，会赦小怨，以防患于未然，善辨是非、做决断。桃园结义三兄弟中，世人都只以为张飞称得上"万人敌"，是当世的勇猛臣子，却不知，他其实智勇双全。

张飞在与关羽、刘备桃园结义之后一直跟随刘备。198 年，刘备随曹操击斩吕布，回到许昌后，曹操封张飞为中郎将。208 年，曹操追赶刘备到了当阳的长阪。刘备命张飞率领二十余名骑兵断后。张飞立于河边，手持丈八蛇矛，怒目横视，大喊："我就是张益德，有胆的就来跟我一决生死！"当时，曹操的部队皆面面相觑，不敢向前，刘备才得以脱逃。刘备平定荆州南部，命张飞为宜都太守、征虏将军，封新亭侯。

刘备进入益州，在攻击刘璋时，张飞跟诸葛亮、赵云逆江而上，前往增援。214 年，张飞进军到江州，击败守将严颜。当时严颜被张飞部众所获，张飞质问严颜说："大军到来，为何不投降呢？"严颜答："你们无缘无故侵夺我方领土。我们这里只有断头将军，并没有投降将军。"张飞大为生气，命左右把严颜拖出去砍头。然而严颜面不改色地说："砍头就砍头，生什么气！"张飞佩服严颜的胆色，便释放他。英雄相惜，严颜也因此拜服张飞。之后，张飞连战皆捷，与刘备会师于成都。

刘备夺取益州后，命张飞当巴西太守，驻军阆中。215年，曹操击败张鲁后，命名将夏侯渊、张郃留守汉中。张郃率军进攻宕渠、蒙头、荡石，想要将巴西郡民全部迁徙到汉中，张飞带兵前往阻止。两军相拒五十余日，张飞亲率精兵一万多人，从小道与张郃的军团会战。张郃所处的地形狭窄，前后军难以相救，于是被张飞各个击破。张郃大败，心慌意乱，放弃战马步行，与手下十多个亲兵从小路仓皇逃到南郑，其余部队全军覆没。

219年，刘备自任汉中王，张飞被任命为右将军。221年，刘备称帝，张飞为车骑将军，领司隶校尉，进封西乡侯。

这段金光闪闪的履历，不仅仅让我们看到了张飞的雄壮威猛，不说长坂坡断后和计胜张郃，"大义释严颜"就充分显示了他的国士风度。

廉可以使分财，廉洁轻财才能与人同甘共苦

诚信，是君子的立身之本，守己是贤人的养德之源。一个人，品行高尚，足以作为礼仪的表率；足智多谋，足以决断疑惑难解的事情；讲求信义，可以立身而有担当作为；廉洁无私，可以以公道之心，行公义之事。

历史上那些能忠实诚信、廉洁无私的君主，不但能使国家富强，还能名垂青史。

刘裕是南朝的开国皇帝，尽管魏晋以来门阀士族当政世风崇尚奢靡，但刘裕清心寡欲，对金银财宝之类的东西不屑一顾，后宫嫔妃也很少，很难听到宫女歌舞的声音。刘裕曾经留下了宁州官员献上的一个珍贵琥珀枕，为的是将其捣毁并分给众位将士治疗刀伤。他平定关中时，获得了一位美女，对她十分宠爱，后来因为她耽误政事，还是将她送走了。他对子女的要求也很严格，公主出嫁，嫁妆十分简单，没有锦绣衣物、金玉珠宝。他保存着自己年少时候使用过的农具，让后代知道稼穑的艰辛；他把自己补过多次的衣服送给女儿，让她以此教育后人。皇帝如此俭朴，“内外奉禁，莫不节俭”，东晋以来的奢侈之风于是被刹住了。

为“文景之治”打下基础的汉文帝刘恒在位二十三年，一直过着节俭的生活，宫室、车骑、服饰之类的必需品都一直没有什么增加：他所用的帷帐都不得用绣花装饰，还经常穿黑色粗丝绸做的衣服，连他最宠爱的慎夫人，穿衣裙也不许拖地……他就是这样用自己的纯朴为天下人做着榜样。而且他一旦发现了什么对百姓不便的事情，就会立即改正。他曾想建一座露台，招来工匠一核算，需要花费一百斤（合现在25千克）赤铜。文帝吓了一跳，说：“百斤赤铜，相当于中等人户十家的财产。我继承先帝的宫室，常常感到恐惧和羞惭，为什么还要修露台呢？”于是认为过于破费，放弃了这个打算。后来，他甚至要求修建自己的陵墓时都用瓦器，留下遗

嘱说："当今之世，咸嘉生而恶死，厚葬以破业，重服以伤生，吾甚不取。"

历史上因品行高尚、守己廉洁而名垂青史、赢万世之名的名臣也很多，其中包括"天下廉吏第一"于成龙。于成龙字北溟，号于山，山西永宁州人，顺治十八年(1661年)出仕，历任知县、知州、知府、道员、按察使、布政使、巡抚和总督、加兵部尚书、大学士等职。他在二十余年的宦海生涯中，以卓著的政绩和廉洁刻苦的品格，深得百姓爱戴和康熙赞誉，被康熙誉为"天下廉吏第一"。

于成龙少有大志，自幼过着耕读生活，受到较正规的儒家教育。顺治十八年，他接受清廷委任，到遥远的边荒之地广西罗城为知县，采取"治乱世，用重典"的方法，迈开了仕宦生涯的第一步。上任之初，县衙没有门垣，院中长满荒草，中堂仅有三间草房，后面是三间茅屋，内宅破陋不堪。于成龙便叠土为案，铺草为床，垒起一副土灶，办公膳宿都在茅屋里。因为他注意恢复地方秩序、复苏农村经济，不辞辛劳地翻山越岭延访父老、倾听百姓呼声，制止械斗、捕捉强盗、制订保甲、安定民生，三年时间，就使罗城摆脱混乱，得到治理，出现了百姓安居乐业的新气象。康熙六年(1667年)，于成龙升任四川合州知州。离罗城时，他连赴任的路资也没有，百姓"遮道呼号：'公今去，我侪无天矣！'追送数十里，哭而还"。

四川遭战乱最久，人口锐减为全国之首。于成龙目睹地方荒残，确定以招抚百姓为急务，革除宿弊、严禁官吏勒索百姓，要求各县注意为新附百姓解决定居与垦荒中的具体困难，并亲自为他们区划田舍、登记注册、借贷耕牛和种子，申明三年后起科。这样，不到两年，合州人口骤增。由于招民垦荒政绩显著，康熙八年(1669年)，于成龙被擢升为湖广黄州府同知。几年后，于成龙升任湖广下江陆道道员。在湖北期间，于成龙的地位有了很大提升，生活环境得到改善，但他在灾荒岁月，还是以糠代粮，把节余口粮、薪俸救济灾民。因此百姓在歌谣中唱道："要得清廉分数足，唯学于公食糠粥。"为广行劝施、让富户解囊，他更以身作则，甚至把仅剩的一匹供骑乘的骡子也"鬻之市，得十余两，施一日而尽"。康熙十六年(1677年)，于成龙升任福建按察使，离湖北时，依然一捆行囊，两袖清风，临行嘱人买了数百斤萝卜放在船上。有人不解地问："萝卜又不值钱，买那么多做什么？”他回答说：“青黄不接的时候，还要靠这些东西就着米糠野菜熬粥过日子呢。”到任后，即使有客人来，他也邀请客人和他一道吃这样的粥，并告诉人家：“这样一来，我们就可以省下米去赈济灾民。如果大家都这样，就会有更多的灾民渡过难关，存活下来。”

康熙十八年(1679年)夏，于成龙得到清廷的赏识和破格招用，升任省布政使。康熙十九年春，康熙帝“特简”于成龙为畿辅直隶巡抚，翌年春，又召见于成龙于紫禁城，当面褒赞他为“今时清官第一”，并“制诗一章”，赐白银、御马以“嘉其廉能”。未逾两年，于成龙又出任两江总督。他举优劾贪，宽严并济，凡他所到之处，“官吏望风改操”。于成龙的官阶虽越升越高，但生活却更加艰苦，带头实践“为民上者，务须躬先俭朴”。去直隶，他“屑糠杂米为粥，与同仆共吃”；在江南时，“日食粗粝一盂，粥糜一匙，侑以青菜，终年不知肉味。”于成龙逝世后，南京“士民男女无少长，皆巷哭罢市。持香楮至者日数万人。下至莱庸负贩，色目、番僧也伏地哭”。

康熙帝巡视江南，沿途所延访的官员无不对于成龙啧啧称赞，康熙帝因此感慨地对随行人员说：“朕博采舆论，感称于成龙实天下廉吏第一。于成龙真百姓之父母、朕之股肱之臣啊！”

守职而不废，处义而不回，就是苏武这样的人吧?

班固《苏武传》中说，苏武出使匈奴，单于欲降苏武，“乃幽武置大窖中，绝不饮食。天雨雪，武卧啮雪与旃毛并咽之，数日不死，匈奴以为神。乃徙武北海上无人处，使牧羝，羝乳乃得归。……武既至海上，廪食不至，掘野鼠去草实而食之。杖汉节牧羊，卧起操持，节旄尽落。”后归汉，官拜典属国。

恪尽职守，而无所废弛；恪守信义，而不稍加改变。这句话说的不就是苏武这样的人吗?

苏武字子卿，出生在公元前140年左右，是将门之后。他的父亲苏建是大将军卫青的得力助手之一，曾前后三次跟随卫青出击匈奴，立下赫赫战功，被封平陵侯，后来，以将军身份建造朔方城。因为这个原因，苏武与兄长苏嘉、弟弟苏贤在很年轻的时候就一起被任用为郎，苏武后来逐渐升迁为栘中厩监。直到公元前100年，苏武被汉武帝委以中郎将的身份出使匈奴。

那个时期，汉朝和匈奴因为连年战乱都已经十分疲惫，有了互通友好的打算，先是匈奴派出使者到汉朝觐见汉武帝，可这位匈奴使者到长安后因为水土不服而病逝。汉武帝于是派人护送匈奴使者的尸身回去，并带上很多贵重的礼物，向匈奴单于表达歉意。也不知道是语言不通还是其他原因，匈奴单于竟以为是汉武帝杀了匈奴使者，便扣押了汉朝使者……这样两边来来往往，相互都扣押了对方的使者。到了公元前100年左右，且鞮侯单于即位，害怕受到汉朝的攻击，就送还了之前扣押的汉使。汉武帝很高兴，决定派人出使匈奴。这个时候，苏武自告奋勇愿意去，于是被授以中郎将的身份，带上大量的礼物，持旄节护送扣留在汉朝的匈奴使者回国。

就这样，苏武带领副中郎将张胜及使臣常惠等近两百人，从长安出发来到匈奴，表达了汉武帝的谢意，并且送给单于丰厚的礼物作为答谢。但没想到，正在且鞮侯单于准备派使者护送苏武等人回汉朝时，匈奴出了内乱，苏武的副使张胜也牵连进去了。

想造反的虞常，是汉朝降将卫律的部下。卫律的父亲原本是长水的胡人，卫律自小生长在汉朝，与协律都尉李延年关系好，因此李延年曾在汉武帝面前举荐卫律出使匈奴。使团返回的时候，恰逢李延年因罪灭族，卫律害怕受到牵连，便率众投降了匈奴。卫律深受匈奴人器重，常伴在单于左右。

这个虞常在汉朝时和副使张胜关系一直不错。他暗中拜访张胜，说："听说汉朝皇帝非常怨恨卫律，我能为汉设计杀死他。我的母亲和弟弟在汉朝，希望他们能得到我为汉朝立功的赏赐。"张胜表示同意，并送给虞常财物。但计划很快就暴露了，单于很生气，把张胜监禁起来，并派卫律召苏武来受审讯。苏武得知情况，对常惠说："要是丧失了气节，辜负了使命，即使活着，还有什么脸回汉朝！"说着拔刀自杀。卫律大吃一惊，亲自抱住苏武，派人骑马去找医生。医生在地上凿了一个坑，点燃微火，使苏武伏卧在火坑上，用手叩击他的背使瘀血从伤口中流出。苏武昏死过去，很久才苏醒。常惠等人哭着把他抬回营帐。单于佩服苏武的勇气和气节，每天早晚派人前来探望，同时也不断劝降。

待苏武的伤势好转，单于令卫律审判虞常，想借此迫降苏武。卫律当着苏武的面先斩杀了虞常，接下来又要杀张胜。张胜怕死，立马表示投降，但苏武却刚强得很，决不屈服。单于既生气又佩服，越发想使苏武投降，就把苏武囚禁在大地窖内，不给他吃喝。苏武躺在地上，嚼雪同毡毛一起吞下充饥，凭借超出常人的毅力坚持活了下来。匈奴人于是认为他是神人，单于无奈，将苏武流放至北海，也就是现在的贝加尔湖地区，给了他一群公羊，说等这些羊生小羊后他才能自由。

自此，苏武开始了长年的牧羊生活。那时候，贝加尔湖是苦寒之地，公家发的粮食不来，他只能挖野鼠穴中藏的植物果实充饥，生活的艰难可想而知。后来，他的旧友李陵来劝降过他两次，第一次劝降时说，你已经家破人亡，坚持有什么意义？第二次来的时候，说皇帝驾崩了，苏武听了面朝大汉所在的南方，大哭不止，直到吐血，之后好几个月，都每天早晚痛哭、凭吊。即便是在如此困苦的时候，他也从来没有忘记自己的职责、自己的身份。作为大汉的使者，之前的自杀，是为了大汉的尊严；此时的顽强生存，也是为了大汉的尊严。

就这样，一年一年地过去了，面对各种威逼利诱以及残酷的生存环境，苏武依然坚贞不屈。尽管天寒地冻、食不果腹，苏武也始终紧握象征他使臣身份的旄节，坐卧起行都不离身，即使节上的牦牛尾毛尽落，也不易其志。等汉昭帝的使者来迎接苏武还朝时，他已经远离故国十九个寒暑了。

见嫌而不苟免，见利而不苟得，泰然自若敢担当

遇到嫌疑，能泰然处之；利益面前，知道坚定操守，不见利忘义。能做到以上两点的人，就是人中之杰。古往今来，母亲在家庭教育中的作用举重若轻，在家风传承中的贡献也至关重要。所以，这一节我们来看看几位母亲的故事。

第一位，是战国时期齐国宰相田稷的母亲。田稷为官，兢兢业业，办事公正。一次，他的属吏送给他百两黄金，田稷收下后将它原封不动地献给了母亲。田母一见，顿时面露怒容："你为相三年，俸禄从没有这么多，这难道是掠取民财、收受贿赂得来的？"田稷低下了头，以实情相告。田母严肃地说："我听说士人严于修己、洁身自爱，不取苟得之物；坦荡磊落，不做诈伪之事。不义之事不存于心，不仁之财不入于家。你肩负着国家的重任，就应处处做出表率。而你却接受下属的贿赂，这是上欺瞒国君，下有负于百姓，实在让我痛心啊！"

田稷受到母亲训斥后，先将那些金子退还给属吏，又主动到朝廷坦陈过错，请求罢相。齐宣王听后，对田母的道德风范称赞不已，对群臣说："有贤母必有良臣！相母之贤如此，何愁我齐国吏治不清。赦免相国无罪。"田稷更加严以自律，后来成为齐国一代贤相。

第二位，是东晋名将陶侃的母亲湛氏。陶侃年轻时，有一天，陶侃的朋友鄱阳孝廉范逵来访。陶侃因家贫，担心没有招待而怠慢了朋友，心中十分焦虑。陶母看在眼里，安慰他说，你只管留客吧，我会设法招待好你的朋友的。她把头上的长发剪下，换成酒菜；"斫诸屋柱"为薪柴；又卷起铺在床上的干草，切细后喂饱范逵的马。范逵事后得知，感慨地说："只有这样的母亲才能教育出陶侃这样的人才啊！"

陶侃当浔阳县的小史时，专门监管鱼坝。陶侃在赴任之际，陶母一再

嘱咐和教育陶侃要尽心恤民，廉洁奉公，清清白白做人。上任后，孝顺的陶侃常挂念一生贫居乡间的慈母。有一次，下属出差，就托其顺便将一罐干鱼送给母亲品尝，没料到陶母不但令差役将干鱼送回，而且写信责备他："你做官，拿官府的东西送给我，不仅不能给我带来好处，却反给我增添了忧虑。"陶侃读罢母亲来信，愧悔交加，无地自容。自此以后，他将严母训导铭刻在心，为官四十年，勤慎清廉，始终如一。

第三位，是唐代监察御史李畬的母亲。一次，李畬请人将禄米送到家中，母亲让人用斗量过，发现多出了三石，便问是怎么回事，令史回答说："御史官的禄米在过斗时，按惯例是不要刮平斗口的。"李母又问运费是多少，又答："给御史送粮照惯例是不要给运费的。"李母很生气，让他送回多余的禄米及运费，并严厉责备李畬。李畬便追问仓官，并依法判其罪。众御史皆面有愧色。

第四位，是唐代户部侍郎潘孟阳的母亲。潘孟阳的父亲、礼部侍郎潘炎在唐德宗时期是翰林学士，深受皇帝的宠信，娶了当朝著名的经济改革家刘晏的女儿。当时有京兆尹想来拜见他却没有人帮忙通传，于是京兆尹只好贿赂了他家的看门人。刘夫人知道这个事以后，对潘炎说："我们这个官当的，连京兆尹想见你一面都得贿赂咱们家的看门人。我们现在的处境实在是太危险了。"于是劝潘炎急流勇退。

他们的儿子潘孟阳出仕后，刘夫人非常担心，对潘孟阳说："就你这个能力，根本就配不上现在的官职。我看你不仅官当不好，还很有可能给自己招来灾祸。"潘孟阳解释再三，最后刘夫人说："你把你的同事都请来让我看看。"于是潘孟阳将自己的同事都请到家里，大摆宴席，刘夫人则在帘后观察他的同事。

宴会结束以后，刘夫人高兴地说："这些人都和你差不多，我没有什么好担忧的了。"然后刘夫人又专门问坐在末位的、身穿浅绿色衣服的年轻人是谁。潘孟阳回答："他叫杜黄裳，官任补阙。"刘夫人说："这个人和其他的人大不相同，以后一定能够成为一代名相。"

第五位，是明代理学名臣陈道潜的母亲。陈道潜幼年丧父，与母亲龚氏相依为命。永乐初年，陈道潜被贬出京，任彝陵州判官。彝陵州即今天的宜昌，当时还是一个开发程度不高的地方，除了茶、笋外，很少种其他东西，百姓生活也较为困苦。母亲写信安慰他：“这是磨炼你毅力的机会。然而，我现在担心的是，听说有些官员因为俸禄不高，无法养活自己，而产生贪邪之心，最终走上犯罪的道路！”

为了防止儿子因手头拮据而生出贪欲，她变卖陪嫁之物，资助千里之外的儿子，语重心长地说：“我含辛茹苦地培养你读书，如今，好不容易谋得一官半职，希望你要好自珍重，清廉谨慎。如果手头紧张，我可以再次接济你，千万不要做出触犯法律而让家人、先人蒙羞之事。”

第四章

有志者何以事竟成？这些“秘籍”值得拥有

《素书》求人之志章第三

绝嗜禁欲，所以除累。抑非损恶，所以禳过。贬酒阙色，所以无污。

避嫌远疑，所以不误。博学切问，所以广知。高行微言，所以修身。

恭俭谦约，所以自守。深计远虑，所以不穷。亲仁友直，所以扶颠。

近恕笃行，所以接人。任材使能，所以济物。殚恶斥谗，所以止乱。

推古验今，所以不惑。先揆后度，所以应卒。设变致权，所以解结。

括囊顺会，所以无咎。橛橛梗梗，所以立功。孜孜淑淑，所以保终。

抑非损恶，所以禳过，避祸的八字真言

一个人要想不犯错误，就要抑制邪念、消除坏心。“抑非损恶，所以禳过”，是避祸的八字真言。禳，就是当错误正接近自己时，用一双无形的手轻轻地推它、排斥它，让它离开。

明代弘治年间，陕西庄浪卫世袭指挥鲁麟在任甘肃副将时，一心想当甘肃总兵，却没能如愿。于是他就仗着自己部落的势力强悍，自己做主回庄浪去了，并以儿女幼小为由，请求休假。针对此事，朝中议论纷纷。有人主张将大将军印玺授予他，满足他的愿望；也有人主张召他回京，封给他一些土地。只有兵部尚书刘大夏说：“鲁麟生性残暴，但他不善用兵，不至于酿成大的祸乱。然而他没有犯罪。现在授予他大将军印玺，是不合乎法度的；召他进京，若他抗拒不来，反而有损朝廷的威严。”刘大夏于是奏请皇帝下旨褒奖鲁麟先祖的忠勇事迹，对他闲居一事则听之任之。从此以后，鲁麟再也没什么作为了，整日闷闷不乐，郁郁而终。

明代隆庆年间，黔国公沐朝弼犯了国法，应当逮捕下狱。朝中大臣讨论此事时，顾虑很大，因为沐朝弼统辖着一万多人的军队，而且军纪严明，想要逮捕他，不太容易，搞不好就会引发叛乱。首辅张居正立即提拔了沐朝弼的儿子，然后派人赶去逮捕沐朝弼。沐朝弼手下的士卒都不敢闹事。抓到沐朝弼之后，张居正奏请皇帝宽赦了他的死罪，将他软禁在南京。朝中上下都感到这事儿处理得很痛快。

鲁麟和沐朝弼，都是位高权重的人，如果直接处理他们，后果不堪设想。于是，“抑非损恶”，指东打西，褒奖鲁麟的祖先，提拔沐朝弼的儿子，父子一体、休戚与共，这样一来，无论是想罢黜对方，还是想禁锢对方，都尽在掌控之中——这便达到“禳过”的目的了。

孔子被围于陈、蔡，然后安然脱身的故事，也能让我们深刻理解“禳

过”的深意。

孔子移居蔡国后的第三年，吴国讨伐陈国。楚国前往救援陈国，军队驻扎在城父。听说孔子住在陈、蔡之间，楚国就派人去聘请孔子。孔子准备前去答谢，陈、蔡两国的大夫谋划说：“孔子是个贤人，他所讥讽的都能切中诸侯的弊端，如今久居陈、蔡之间，大夫们的所作所为都不合孔子的意愿。楚国是个大国，前来聘请孔子，如果孔子受到楚国的重用，那么陈、蔡两国掌权的大夫就危险了。”于是一起派遣服劳役的徒众把孔子一行围困在野外。孔子因此无法前行，粮食断绝，随从的弟子生病、个个无精打采，孔子却仍然不停地给他们讲学诵诗、弹琴唱歌。子路面带怒色来见孔子，问：“老师，德行高尚的人也会混到如此困顿的地步吗？”孔子回答道：“德行高尚的人也会有困顿的时候，也只有德行高尚的君子才能安处于困顿的境地，那些小人在穷困的处境中就会放滥横行，违背自己的信仰啊！”

孔子知道弟子们心中恼怒，就召来子路问道：“《诗》中说‘不是犀牛也不是老虎，却在旷野中徘徊’。难道我的学说不对吗？我们为什么会落到这种境地呢？”子路说：“想必是我们的仁德不够吧？所以别人不相信我们。想必是我们的智谋还不够吧？所以人家不放我们走。”孔子说：“有这样的道理吗？仲由，有仁德的人必定受人信任，哪会有伯夷、叔齐饿死在首阳山呢？有智谋的人必定能畅行无阻，怎么会有比干剖心呢？”

子路出来，子贡进去见孔子。孔子说：“赐啊，《诗》中说‘不是犀牛也不是老虎，却在旷野中徘徊’。难道我的学说不对吗？我们为什么会落到这种境地呢？”子贡说：“因为先生的学说太博大了，所以天下诸侯没有哪个能容纳的。先生何不稍微降低要求迁就一点世俗呢？”孔子说：“赐啊，好的农夫虽然善于播种庄稼，但却不能保证一定有收获，能工巧匠制造出来的器具也未必使所有人都称心。君子能够研究并提出自己的学说，能用一定的方法规范社会，按照一定的秩序管理国家，但不一定能被社会容纳。如今你不勤修自己的学说，却想降低标准，迁就别人以求别人容纳。赐啊，你的志向不远大啊！”

子贡出来，颜回进去见孔子，孔子说：“回啊，《诗》中说‘不是犀牛也不是老虎，却在旷野中徘徊’。难道我的学说不对吗？我们为什么会落到这种境地呢？”颜回说：“先生的学说极其博大，所以天下诸侯都不能容纳。尽管如此，先生还是坚持不懈地推行自己的学说，不被容纳又有什么关系呢？正因为不被流俗所容纳，所以才显示出不苟且、不迁就的君子风范。不能研修和完善我们的学说，这才是我们的耻辱。博大精深的学说已经非常完备却不被采用，这是国家统治者的耻辱。不被容纳又有什么关系呢？不被容纳更能显示出不随流俗的君子风范！”孔子高兴地笑道：“是这样啊，颜家的孩子！要是你有很多财产，我愿意做你的管家。”

于是，孔子派子贡前往楚国。直到楚昭王派军队迎接，孔子一行人才得以脱身。

孔子是伟大的教育家，因材施教而又循循善诱，对三个弟子提出同样的问题，引发弟子们对眼前困境的思考。这一番经典对话，看起来似乎是就事论事，但实际上却是在教育弟子们如何“抑非损恶”、善于禳过。面对困窘，还能泰然处之，是因为圣人在任何时候都能坚守正道啊！

博学切问，所以广知，不学习不会有智慧

地不耕种，再肥沃也长不出果实；人不学习，再聪明也不会有智慧。只有广泛涉猎、勤于求教，才能长见识。

商朝高宗武丁在做太子时，他的父亲商朝国君小乙，曾经让他到民间生活过很长时间，让他和老百姓一同出入干活，不仅在于锻炼他，促使他了解民间疾苦，还因为有很多常识是要在自然中才能获取并融会贯通的。

明太祖朱元璋教诲太子朱标时，让他去乡下经历一段农家生活，观察百姓的住房、饮食、服饰，和日常的家用器具及农具，让太子体验百姓疾苦；明成祖朱棣巡视北京时，令两个皇室长孙去皇城周边巡查村落，体验观察麻桑农事，也是这个原因。

《论语》说："敏而好学，不耻下问。"这是孔子在总结自己的学习经历后的经验之谈。千百年来，能领略孔子话中"三味"的人很多，其中包括"半部《论语》治天下"的宋代宰相赵普。我们读《三字经》，其中"赵中令，读鲁论。彼既仕，学且勤"，说的就是北宋开国功臣赵普的故事。赵匡胤还是后周节度使时，赵普就在他手下做推官。后来，赵普参与策划"陈桥兵变"，拥立赵匡胤做皇帝，建立了宋朝；进而又参与策划了"杯酒释兵权"，解除了石守信等人的兵权，使赵匡胤的皇权得到了稳固。他三入相府，辅佐太祖、太宗二位皇帝治理天下，勋劳卓越。

据《宋史·赵普传》记载，"普少习吏事，寡学术"，意思是，赵普钻研的是处理事务的技巧，不喜欢啃书本、掉书袋，也不太爱钻研理论上的东西。统一全国后，尽管他还是忠心耿耿、足智多谋，但身为一个百废待兴的大国宰相，读书不多的弱点使得他在处理公务时力不从心。到宋太祖乾德五年，这个缺陷更加暴露无遗。

宋太祖赵匡胤曾经把自己的年号定为"乾德"，他对自己定下来的年号

非常满意，于是就在朝臣面前有些得意地说："这个年号恐怕过去的历朝历代都没有想出来。"看到皇帝这么得意自己的杰作，宰相赵普和大臣们也都附和着说这个年号很好，圣上英明。于是这个年号就开始使用了。到了乾德五年，有一天，君臣几人无意间谈起年号来，赵匡胤对"乾德"这个年号相当得意。赵普就在一旁列举了开国以来出现的不少好事，然后归功于赵匡胤改的这个年号。谁知旁边站着一位名叫卢多逊的翰林学士，此人极有学问，平时不大说话，这时却不动声色地说："可惜'乾德'是前蜀用过的年号。"赵匡胤大吃一惊，马上命人去查核。结果真是前蜀的年号，而且是亡国的年号。赵匡胤羞惭恼怒，赵普羞愧得无地自容。

从那天以后，赵普下朝回到家里就钻进书房关起门来读书，后来他写奏折、说事情、发表见解的时候，也总会引用几句《论语》里面的话。他家里有一个大书匣，家人只看到他每天从里面拿出书来读，但是谁也不知道是什么书。等到赵普去世后，人们发现里面只有《论语》的前半部分。此后，赵普以"半部《论语》治天下"的故事就传遍天下了。"半部《论语》治天下"一说，其原型最早出于南宋林駉的《古今源流至论》前集卷八《儒史》："赵普，一代勋臣也，东征西讨，无不如意，求其所学，自《论语》之外无余业。"书中下面小注，"赵普曰：《论语》二十篇，吾以一半佐太祖定天下"。

赵普一生，文武兼谙，纵横捭阖，果敢决绝，权谋于行，可见是个会读书的人，不至于一生只看了半部《论语》。宋朝初年，在宰相职位上的人，大多过分谨慎，拘于小节，按常规办事，不多言语，赵普却刚毅果断，没有谁能和他比的。有一次赵普推荐了一个人才，赵匡胤不喜欢这个人，就没有同意。过了几天赵普又推荐了这个人，赵匡胤有些生气，就把赵普递上来的奏章撕成几片扔在地上，拂袖而去。又过了一段时间，赵匡胤需要用人，问赵普谁可用。赵普就从袖子里拿出来一个黏合拼接的奏章递给赵匡胤。赵匡胤接过一看，原来是自己撕碎的那本奏章，被赵普重新粘好了。赵匡胤被赵普的坚持和执着打动，起用了这个人。后来这个人的工作成就也证明赵普不仅深谙为臣、为政之道，而且识人善任。

赵普性情沉着且为人严肃刚正，以天下为己任。有一天在朝廷上，赵

匡胤当着众大臣的面称赞赵普的贡献有如汉代丞相萧何，满朝文武当即表示赞同。快退朝时，赵匡胤突然问了个问题："众爱卿，你们可知，天底下什么最大？"结果大家都面面相觑，不知道如何作答，有人说皇帝最大，也有人说权力、孝道等，不过这些回答赵匡胤都不是太满意。于是，宋太祖问赵普："赵爱卿，你认为，天底下什么东西最大呢？"赵普马上说了两个字：道理。宋太祖一听，十分满意。

赵匡胤去世后，宋太宗赵光义继位，赵普依然担任宰相。朝中有人对赵普在新皇登基后依然得势心生忌妒，就对赵光义说："赵普这人只读了一本《论语》，对于当宰相来说，简直就是不学无术，不太适合继续担当此重任。"宋太宗是和赵普一起策划和参与陈桥兵变的，他能不了解赵普的才华吗？所以很中肯地告诉对方："赵普的确读的书不多，但我可不相信他只凭一本《论语》，就可以在这些年里做出这么多大事。"

一个大国宰相，平日里要处理多少政务？面对多少人和事？如果真的只在当宰相之后才读了半部《论语》，之前那些不世之功勋又是凭借什么建立的呢？如果说策划"黄袍加身"更需要胆魄，那谋划"杯酒释兵权"则全在智慧，而且是大智慧。可见，赵普一生无时无刻不在学习，只不过有时候是通过无字书学习，有时候是通过有字书学习，他的聪明智慧和领悟能力非常人所能及。

高行微言，所以修身，避嫌远疑就不会造成失误

“高行微言，所以修身”，避嫌远疑，这样就不会造成不必要的失误，浪费时间、浪费精力在处理不必要的事情上。为人处世，应该避免被人猜疑，而又不随意怀疑别人——只有行为光明磊落，才不会被人猜疑；只有心地宽厚坦荡，才不会随意怀疑别人，只有这样，事业才能获得成功。

西汉大将军卫青出兵定襄，攻打匈奴。其属下苏建、赵信两位将领统率三千余名骑兵，在行军途中与单于军队狭路相逢。两军苦战一天，汉军士兵伤亡殆尽。赵信投降了单于，苏建则孤身一人逃回大营，来见卫青。

议郎周霸对卫青说：“自从大将军出兵以来，还从来没有处斩过副将。但是，现在苏建却抛弃军队，独自逃回。大将军应杀苏建，以昭示威严！”长史任安反驳说：“大将军不能这么做！苏建率数千骑兵抵挡数万之敌，拼死作战一天，士兵尚且没有二心。如今他侥幸脱险回营，将军反而要杀他，这岂不是要告诉后人，以后再遇到这种情况，拼死突围还不如向敌人屈膝投降吗？所以，大将军不应该杀苏建！”

卫青随后说：“作为皇亲，我受到皇上信任而带兵出征，并不担心没有威严。周霸建议我以处斩败将的方式以显示我的威严，这实在不符合臣子为皇上当差的意义。虽然论职权，我有权处死手下将官，但我即便有天子的宠信，也不敢在边关之外擅用生杀大权，应将败将递押回京，听凭皇上圣裁，并借此警示为人臣子者不应专权擅断。这样做岂不是更妥当吗？”随后，卫青命人将苏建押解回京，汉武帝果然赦免了苏建，没有杀他。

卫青掌兵权多年，深受宠信，皇帝对他没有疑心，属下对他也从无忌妒。这正是因为他“高行微言”，能避开过度的权威，远离各种嫌疑的缘故啊。如果不是这样的话，他即使有北宋狄青般的显赫功勋，也不会得以善终。

北宋大将狄青，官至枢密院枢密使，自恃功勋卓著，目中无人，桀骜不驯，还无原则地袒护士卒。他手下的士卒每次领到衣物粮饷，都会说："这是狄家爷爷赏赐的啊！"朝廷上下无不将此事引为心头大患。

当时潞国公文彦博在朝执政，他便奏请仁宗，派遣狄青出任两镇节度使，这样就能让他远离朝廷了。对此，狄青却上书说，自己无功却受封节度使，无罪却又外放，心中感到很委屈。仁宗觉得狄青说得对，就对文彦博转述了狄青的话，并据此认为狄青是个忠臣。文彦博却说："太祖难道不是后周世宗的忠臣吗？但先皇因得军心拥戴，所以才会发生黄袍加身、陈桥兵变的事啊。"仁宗听后，默然无语。

狄青并不知道仁宗召见文彦博这件事，仍到中书省门下去为自己辩解。文彦博对他冷着脸直言："没有其他原因，只是朝廷有些怀疑你而已。"狄青听了，禁不住吓得后退了好几步。狄青被外派到藩镇就职之后，仁宗每个月都会派中使去慰问他两次。每次听说中使要来，狄青都战战兢兢，整日疑心重重，结果不到半年，就得病去世了。

北宋名臣陈瓘，有一次接到圣旨去觐见天子。他到达宫门时，听说皇帝有道谕旨，命令三省（中书、门下、尚书）将过去那些因为上疏而遭到降职或贬谪的臣僚们的所有奏章都送缴上去。陈瓘便对丞相的部属谢圣藻说："这一定是奸佞之人为了掩盖自己的罪愆所耍的伎俩。如果把退回的那些奏章全数呈送回去，将来如果发生什么是非变乱，三省的官员如何证明自己的清白呢？"陈瓘接着列举了户部尚书蔡京上疏请求诛灭侍御使刘挚等人家族的例子，告诫谢圣藻。蔡京在奏疏中捏造事实，污蔑刘挚带剑入朝，想杀大学士王珪等不法行为。谢圣藻听了，非常害怕，就对丞相报告了这件事，然后将三省臣僚的奏章逐一录下副本，留存在省署。后来，蔡京党羽的欺诈、诬蔑、掩饰过失等言辞之所以大多不能得逞，都是因为有这些副本存在而无法消除劣迹记录的缘故。

谢圣藻依照陈瓘所言去做，逃过了谗言之害；但另一位大臣邹浩，却因为不肯听从陈瓘的劝告，结果受到了陷害。

起初，哲宗有一个儿子献愍太子，名茂，系昭怀皇后刘氏为贤妃时所生。在此之前，哲宗尚没有皇子，皇后之位也空着。昭怀皇后便请求哲宗立赵茂为太子，但是，赵茂才出生三个月就夭折了。邹浩曾三次上疏，劝谏哲宗立刘氏为皇后，事后却把奏折销毁了。后来，宋徽宗和邹浩谈及当初他进谏册立皇后的事，再三嘉奖赞赏此举，又问他谏书何在。邹浩回答说："已经烧掉了。"退朝后，邹浩将此事告诉了陈瓘。陈瓘说："灾祸就要从这件事开始了，将来不管哪个奸贼随便捏造一封谏疏，你都没办法申辩真伪了。"果然，蔡京得势之后，因其一直忌恨邹浩，就命他的党羽伪造了一份邹浩的奏疏，其中写道："刘氏杀掉卓氏（哲宗的另一个妃子）而夺走她的儿子。这种恶行，欺瞒人还可以，怎么能够欺瞒得过上天呢？"徽宗下诏命令迅速查明这件事，同时再次贬邹浩为衡州别驾，不久又将其改放到昭州，其结局果然如陈瓘所言。

宋徽宗初登皇位时，希望能够改革哲宗绍圣年间的弊政以稳定政局，于是大开谏言之路。众臣拟议：应让哲宗时被废的孟皇后复位，并为已经作古的司马光等老臣重新授职，而且应该优先办理这些事。

陈瓘当时在谏院做谏官，只有他一个人认为，囚禁废黜孟皇后，追贬以前的宰相，都是哲宗以正当的理由施行的，不是因小是小非而为，如今

要想恢复他们的名位，就得先辨明他们是被诬告的，先洗雪他们的罪名，诛罚为他们捏造罪名的人，还要废掉以前的诏令。一切都要在合乎礼法手续的情况下进行，才不会遗留祸患。不该速决速办，否则将来再被推翻，后悔就来不及了。

大臣们商议之后，认为陈瓘的办法费时费力且太缓慢，想尽快顺应人情，于是很快就给予落实了。到了崇宁年间，蔡京得势，果然将建中年间的政令彻底改变了，此时，大家才叹服陈瓘的远见卓识。

任材使能，所以济物，世间再没有怀才不遇的人

如果居上位者真能做到“任材使能”，那这世上就不会有怀才不遇的人，也不会有荒弊废弛的事务了。

唐朝的晋国公韩滉，能够根据部下的才能特点，人尽其用。因而，他的部属的任职和其人的才干都很适当。他在驻节三吴之地时，有个老朋友的儿子，虽没有任何专长，却也找到韩滉，想谋个差使。韩滉碍于情面，请他参加了一次宴会，却见朋友的儿子从头到尾都是正襟危坐，没跟邻座攀谈一句话。韩滉随后就派他到军队的仓库担任门卫去了。于是，那人每天早晨进入帷帐，板着脸端坐到黄昏。从此，官吏、士卒再也不敢随便出入仓库大门了。

刘邦也是一位知人善用的帝王。在灭秦和楚汉战争中，知人善用就是他取胜的法宝，而称帝后，知人善用则是他创建帝业的关键。

称帝后不久，刘邦在洛阳南宫大设酒席，宴请群臣时，问大臣们：“列侯和各位将军不要欺骗我，请如实相告，我为什么能够在敌强我弱的情况下打败项羽？而项羽又为什么会在敌弱我强的情况下失去天下呢？”高起、王陵奏道：“陛下您仁厚而爱护别人，项羽傲慢而喜欢轻侮别人。陛下您派人攻占城池要地，会把所攻打的城池分封给打仗勇敢的人，与天下人共享利益。而项羽是嫉贤妒能、独享天下之利的人，谁作战有功，反而会受到猜忌，不分给作战胜利者土地。这些就是他失去天下的原因啊。”

刘邦听后，语重心长地说：“你们只知其一，不知其二。要说运筹帷幄之中、决胜千里之外，我比不上子房；要说镇守国家、安抚百姓，供应粮饷、确保军队运粮之道畅通，我比不上萧何；要说统领百万之众，战必胜、攻必取，我比不上韩信。这三个人，都是人中豪杰，能够发现他们并任用他们，才是我能够取得天下的原因。项羽只有一位精明能干的谋士范增，

却还不能够正确任用，这就是我打败他的原因啊！”

刘邦用人不注重出身经历，而是因才任用，凡是能为他的政治目标策划出力的，他都大胆地加以提拔和重用，把一大批小人物推上政治舞台，使他们在反秦起义、楚汉战争和汉初平叛战争中能够发挥各自的作用。

刘邦一向重视武将，但对待儒生的态度却经历了一个由鄙视到重视的过程。由于刘邦出身于农民家庭，没有受过多少教育，壮年后率领一支队伍东征西战，最后能取得反秦和楚汉战争的胜利，完全是靠武力。据此，他认为儒生们谈古论今，对打天下无益，因而对儒生的作用不够重视，甚至极为鄙视他们。汉朝初立，儒生陆贾在他面前言必称《诗》《书》，久而久之，刘邦听得不耐烦，便破口大骂：“老子我在马背上打天下，哪里用得上《诗》《书》！”陆贾不卑不亢，据理力争：“在马背上能够得天下，但怎能在马背上守天下？文武并用，才是国家长治久安的途径啊！”陆贾的当面反驳虽然令刘邦感到有点儿尴尬，但他深知陆贾说得在理，最终还是接受了陆贾“文武并用”的观点。他任用叔孙通带领一百多名儒生制定朝仪。叔孙通圆满地完成了任务，刘邦非常高兴，立即封叔孙通为“太常”，任命那些参与制定朝仪的儒生弟子为“郎”。后来，刘邦因平定英布叛乱经过山东，还亲自准备祭品，祭祀了孔子。

唐太宗也是一位因知人善用而备受人们称赞的帝王。唐太宗把网罗天下人才作为安定天下、治理国家的前提条件，把举荐贤能作为宰相和大臣的首要职责。他曾对房玄龄和杜如晦说：“公为仆射，当广求贤才，随才授任，此宰相之职也。”对于那些举荐人才不力的大臣，唐太宗则会严厉批评。封德彝任宰相时，曾较长时间没有推荐人才，唐太宗于是对他说：“政安之本，惟在得人。天下的事纷繁，你应该替我分担。你不向我推荐人才，我怎么可能一一去发现呢？”封德彝答道：“臣怎么敢不尽心去推荐呢？只是现在没有出类拔萃的人才可以让臣推荐。”听了封德彝的话，唐太宗十分生气，于是就批评封德彝：“以前贤明的君王使用人才都是取自当代，而不是向别的朝代借贤才，难道我们要等到傅说、吕尚那样的人才出现才能施政吗？何况哪个朝代没有人才？不过是你没有眼力、发现不了而已！”

知人善用是成大业的关键，这个主要是针对上位而言。而下位如果被重用，就应该明白自己的职责和地位，而不要像马超那样狂傲。

占据西凉的马超被曹操打败了，走投无路，便投奔了刘备。刘备对马超非常赏识，拜他为平西将军，封都亭侯。马超见刘备对自己的待遇非常优厚，便目中无人，对谁都傲慢无理，忽视了臣下对主上的礼节，甚至在和刘备说话时，还时常直呼刘备“玄德”。关羽见状，十分生气，请求刘备杀了他，可刘备坚决不肯。张飞于是对关羽说：“既然大哥不愿斩马超，那咱哥俩就给姓马的做个榜样，告诉他什么是礼法。”于是，第二天刘备召见帐下诸位将领时，关羽和张飞就亲自拿着宝剑为刘备执勤。马超入帐后，四处寻找自己的座席，看见关羽、张飞笔直地站在刘备身后伺候着，大吃一惊。从那以后，马超再见到刘备，就恭敬有加了。

殚恶斥谗，所以止乱，努力让自己深谋远虑、处世老成

“殚恶斥谗，所以正乱”，谗言恶行自古就是祸乱的根由，那些谋虑深远、处世老成的人，因为心无私念，不贪权势，往往能同时做到“亲君子，远小人”；而那些投机取巧、大奸似忠的小人也难得善终。在一点上，历史上正反两方面的例子太多了，先分享北宋宰相吕夷简的两个相关故事。

宋仁宗生了一场病，很长时间没有上朝了。有一天，他感觉好多了，很想召见主理朝政的大臣，于是就准备在便殿召见中书省和枢密院的两位大臣。吕夷简接到诏令，缓了一会儿才动身。同行的枢密赞公走得很快，吕夷简却安步当车，一如既往。见到仁宗以后，仁宗问：“朕久病刚愈，很高兴，急着和你们见面聊聊，为什么姗姗来迟啊？”吕夷简不慌不忙地回奏：“陛下龙体不适，朝廷内外无不为陛下担忧。这个时候，陛下忽然召见近臣，臣等如果脚步慌张地奉诏觐见，恐怕会让很多人惊恐猜疑。”仁宗听了这话，认为吕夷简身为辅政大臣，做得很得体。

宋仁宗庆历年间，兖州奉符人石介写了一篇题为《庆历圣德颂》的文章，很严厉地批评了当朝人，尤其对于郑国公夏竦，贬损得更厉害。没过多久，朝中发生党争，石介因罪被免职，回乡后病逝。当时，山东有一个名叫孔直温的举人谋反。有传言说，孔直温曾是石介的学生，于是怀恨在心的夏竦就借机说，石介并没有死，是逃到北方胡人的地盘上了。于是，仁宗便下诏限制石介儿子的行动，并派出中使传诏给京东刺史，要他挖开石介的坟墓，开棺看个究竟。当时，吕夷简正担任着京东转运使。他对仁宗派来的使者说：“如果打开棺材，发现里面是空的，那就说明石介果真逃去了北方。那么，即使杀了他儿子也不为过。但是，万一石介真的死了，朝廷无缘无故发掘百姓的坟墓，这算什么事儿啊！这让后世怎么看待呢？”

前来传诏的中使说："您说得很有道理，可是你让我怎么回复皇上的旨意呢？"吕夷简说："石介去世后，必定会有人为他办理殡殓丧仪。参加丧仪的内外亲族、门生估计不下百人；而那些抬棺出殡的人，必定是丧仪铺子的伙计。你对这些人发公文去询问，如果没有不同说法，你就让他们立下军令状保证所说属实。这样就可以给皇上有个交代了。"中使照吕夷简的话去做了，并入朝禀报给仁宗。仁宗也明白这件事的前前后后都是夏竦的诬陷之词，随后便下旨，放石介的家人回乡了。

辅佐明孝宗实现"弘治中兴"的兵部尚书刘大夏，也有一个相关的故事。明孝宗亲临文华殿，召见刘大夏并对他说："朕有时候遇到一些办不了的事，经常想召你进宫商议，但又往往因为很多事不属于兵部管理的范围而打消这些念头。以后如果你发现有哪些事能办，哪些事不能办，就直接以机密揭帖的形式呈奏。"

"微臣不敢。"刘大夏回答说，"如果微臣以揭帖的形式上呈密奏，朝廷就会借此推行密奏之风，慢慢地就逐渐形成了规矩。这就如同以前使用墨笔书写的非正式诏令一样，容易让坏人钻空子。陛下应当向古代英明的帝王学习，或者效法近代的祖宗。对于公事的是非，要和群臣公开讨论，对外的交给枢密院或兵部处理；对内的和大学士商量就可以了。如果使用密件往来，时间久了就会被大家视为常规，万一有为非作歹的人冒居显要职位，也实行这种方法，那可是贻害无穷的事。这实在不能成为后世的常法，所以微臣不敢照办。"

孝宗听了这些话，过了很长时间，还经常称赞刘大夏的深思远虑。

前面几个，都是正面故事，最后，我们来看一个反面故事。战国末期，李斯由楚入秦，起先在吕不韦府中做一个小官，后来升为长吏，用计助秦统一了六国，然后升为左丞相。秦始皇出游江南，死于沙丘，李斯与宦官赵高沆瀣一气，伪造始皇诏书，杀了长子扶苏，由次子胡亥继位为二世。

赵高因杀人太多，恐怕大臣们向胡亥禀明，竟说动了胡亥，不必面见群臣，一切奏章，由他整理后再呈皇上。不久，赵高得知李斯认为胡亥不面见群臣不合情理，就去找李斯说："函谷关以东盗贼猖獗，皇上不在意这些关系国家安危的大事，反而急于应召人手去继续建阿房宫，我想因此献

一点建议，但是权势不够，你为何不去觐见一下皇上？”李斯说：“是啊！我早就想说，但皇上不上朝，连觐见的机会都没有，还谈什么建议！”赵高说：“只要你真心想进谏，等皇上有时间，我一定会告诉你。”

赵高专门找了皇帝正与妃子玩得高兴的时候，对李斯说：“皇上现在有空，你可奏明了！”李斯不知是计，急赶来宫门请见。胡亥只得停止游乐，重整衣冠接见李斯，因此很生气，对李斯说：“我平常空闲时，丞相你不相见；我私下玩耍时，你就一定要来请示公务，丞相是嫌我还小？轻视我吗？”

赵高利用这机会煽风点火：“您不问我，我也不敢说，丞相的大儿子李由，现任三川郡的长官，目前正在造反的陈胜，即为他邻县的人，所以楚国地方的盗贼经过三川，京城的官兵不肯出兵攻贼。我听说三川长官和那些盗贼还有文书往来，只是目前尚未抓到证据，所以不敢报告，何况丞相在外面的实权，实在比您大得多！”

胡亥听信赵高的话，便先派人追查三川郡长官与盗匪相勾结的证据。李斯这时觐见皇帝，上奏揭发赵高的短处。胡亥对他所言不信，反将此事告诉赵高。赵高从中再加挑拨，胡亥于是将李斯处死。李斯死后不久，他的儿子李由领兵与项羽、刘邦战于雍丘，大败，被斩。

设变致权，所以解结，左右为难时不妨随机应变

“设变致权，所以解结”，左右为难时，不妨随机应变，采用灵活的手法，施展权变之术，这样就能解开纠结。明朝英宗时，宦官王振对当朝重臣杨士奇、杨荣、杨溥等人说：“朝廷的政事，幸亏有您这三位杨先生尽心尽力操劳啊。但是现在您三位先生年纪已经很老了，以后将作何打算呢？”杨士奇回答说：“老臣当鞠躬尽瘁，报效国家，到死方休。”杨荣则说：“先生不要说这样的话。我们确实老了，没办法再为朝廷效力，应当选拔可担当国家大事的年轻人，来报答皇上的恩惠。”王振听了杨荣的话，非常高兴。

第二天，杨荣就推荐了四个人入朝，并陆续得到了朝廷的任用。杨士奇对这事儿不以为然，认为杨荣那天说的话太随意了。杨荣说：“王振他们已经非常厌烦我们了，就算是我们还能站住脚跟，难道还能改变他内心的想法吗？一旦宫内传出来片纸诏命，让王振的哪个朋党入阁，我们不还是毫无办法？现在选拔的这四位年轻人毕竟是我们的人，所以大家一定会齐心协力的。”杨士奇听了这话，非常佩服杨荣的智谋。

天下没有过不去的河、迈不过的坎，之所以很多人总是遇到“结”，是因为他们不能“设变致权”的原因。春秋时期的颍考叔就是一个很机敏、善于随机应变的人，他因为用计使郑庄公“两全其美”而被世人熟知。

郑庄公镇压弟弟反叛后，得知母亲姜氏一直暗地里帮庄公叛乱的弟弟叛乱，十分生气，就把姜氏安置到城颍，发誓说：“不到黄泉，我是不会见我的母亲了。”可姜氏虽然有这样那样的不是，在许多方面有愧于郑庄公，但她毕竟是郑庄公的母亲，郑庄公心里思念她；人们也私下里议论郑庄公的做法是不孝，郑庄公因此很想缓和与母亲的关系。不过，他曾经发过誓，不到黄泉不见母亲，如果破了誓言，不仅为人所耻笑，丧尽君主的威严，

将来还会遭报应。

就在他左右为难的时候，当时管理边界的小官颍考叔给庄公进献了一只鸟。庄公问颍考叔献的什么鸟，颍考叔说是一只夜猫子，这鸟不是好东西，它白天看不见东西，专在晚上活动，父母辛辛苦苦地养大了它，它长大了就把父母吃掉了。对这种不仁不义的鸟，请郑庄公惩办它。郑庄公虽然知道颍孝叔话里有话，但还是比较大度，任由他说。恰好到了吃饭的时候，郑庄公就请颍考叔和自己一起进餐。吃饭时，颍考叔把菜里的肉挑出放在一边，吃完后把肉包好收起来。郑庄公很奇怪，就问他这是什么缘故。颍考叔说，他的母亲什么东西都吃过了，就是没有吃过国君赐予的食物，他要带回去给母亲吃。

郑庄公听了非常感叹地说："人家都有母亲好孝顺，为什么只有我没有呢？我虽做了诸侯，却不能像你们那样去孝顺父母。"

颍考叔故意装作很纳闷的样子问，太夫人好好地活着，为什么不能好好地孝顺呢？郑庄公就把将母亲放逐到城颍及发誓的事说了一遍。颍考叔说，你既然惦记着母亲，就说明你大孝；虽说是"黄泉相见"，不一定就是

死了才相见，如果在地下挖一条大隧道，一直挖到泉水，也就是到了黄泉了，在隧道中相见，谁又能说你不孝呢？谁又能说你违背了誓言呢？郑庄公觉得这办法可以，就派颍考叔去办了。

颍考叔派五百士兵迅速挖好了隧道，并在地道里盖好了房子。一面把姜氏接进去，一面请庄公从地道的另一边进来。母子相见，抱头痛哭，相互原谅了。在隧道内，郑庄公赋诗道："大隧之中，其乐也融融。"出了隧道以后，姜氏赋诗道："大隧之外，其乐也泄泄。"从此，他们母子之间又像当初一样和睦亲爱。至此，庄公又赢得了孝子的美名，而颍考叔也得到了庄公的重视，成为郑国的重臣。

"穷则变，变则通。"颍考叔可谓是聪明之极，连"黄泉相见"这样的难题都能解决——由此可见，只要随机应变，又有什么样的问题不能解决呢？

纣王的祖父文丁在位时，周邦只是商朝手下的一个小方国，主公是姬昌的父亲季历。季历治理西部地区有方，以西岐为根据地，几年之内就征服了周围十数个西部小国。这让文丁起了疑心，他暗想：许多西部小国虽然成了商朝的属国诸侯，但他们首先都成了周邦的领土，季历扩大了地盘，也掠取了财物，俘获了人员，长此以往，将来肯定尾大不掉，叛离我商朝。于是，文丁借故杀了季历。季历的西伯侯由其儿子姬昌继承了下来，此时，商朝属下有一千八百多个诸侯，周邦的力量顶多抵得五个小国的势力。几年后，文丁死去，他的儿子帝乙即位后，准备组织强大的兵力攻占周邦。西伯侯姬昌深知双方力量悬殊，如果真的打起来，自己不堪一击，于是，便想了一个好办法来化解眼前的危机。

帝乙的大妹妹已经过了二十岁还没嫁出去，是文丁在世时候的一大心病。西伯侯姬昌派能说会道的心腹散宜生带了许多聘礼到殷都求婚，称西伯侯姬昌欲娶公主为妃。散宜生对帝乙说："父死，长兄为父，公主能得君王陛下为长兄，乃是她的福气所在。君王定当为她做主，答应她与西伯侯的婚事，以保公主一生福寿绵长，以使妹婿西伯侯永远忠于殷商。"散宜生又对公主说："化干戈为玉帛的最好途径，莫过于连理和亲。公主嫁到我周国西岐去，必将使整个西部地区臣服上国商朝，永修姻亲和睦。"散宜生还对商朝的文武大臣们说："诸位都是上国君王的臣工，定然知道上国的巩固安宁即是诸位的前途命运所在，必将促成西伯侯与公主的和美联姻。"于是，帝乙便高高兴兴地把妹妹嫁给了姬昌。

之后，帝乙在位期间再没发动对周国的战争，姬昌因此得以休养生息、发展。

括囊顺会，所以无咎，谨言慎行将志向深藏在心里

无志之人，在优越的环境中错失机会；而有志之人，却在恶劣的环境中创造条件以实现自己的志向。“韬光养晦”的过程，是一个将志向深藏于心，忍受常人不能忍受的痛苦，做好一切准备，以待时机来临的过程。所谓“事不密则不成”，如果在这样的时候夸夸其谈，不“括囊”，那么你的志向就永远没有实现的那一天。

刘秀是汉高祖刘邦的九世孙。其父刘钦是南顿县令，在刘秀九岁时病故，此后，刘秀与哥哥刘演被叔叔收养。兄长刘演独有大志，好养侠客，而刘秀却好稼穑佣耕。刘秀思虑谨密，言语不苟，与人相交，也不记小怨，喜怒哀乐不形于色。在他二十八岁的时候，因王莽的“新政”不得人心，加上天灾人祸，各地的农民纷纷起义，尤其是绿林、赤眉两支起义军，声势浩大。在这种风起云涌的形势下，刘秀借南阳一带谷物歉收之由，与兄谋划起义，得众七八千人。刘秀起义后，逐渐与当地的其他起义军会合，一同并入绿林军。公元23年二月，绿林军为了号召天下，立刘秀的族兄刘玄为帝，年号更始，绿林军的势力得到了迅猛的发展，以至王莽“一日三惊”。昆阳之战爆发，刘秀以不足两万人马大败莽军主力四十二万。就在此时，刘演也拿下了南阳首府宛城，让更始帝刘玄有了落脚地。

刘秀兄弟名震天下，他们的威望让刘玄夜不能寐，刘玄打算除掉刘氏兄弟。首先被杀的是刘演。刘秀正在攻打父城，听到了大哥去世的消息，悲痛欲绝，杀兄之仇不能不报，但是以他目前的势力根本没有把握。他深知自己是刘玄的下一个目标，所以，在大哭了一场之后，他立即赶往宛城向刘玄谢罪，并跟刘演的旧部保持距离。刘秀向刘玄忏悔说自己兄长以下犯上，死有余辜，而自己也有罪过。回到住处，逢人吊问，也绝口不提哥哥被杀的事。他既不穿孝，也照常吃饭，与平时一样，毫无改变。刘玄见

他如此，反觉得有些惭愧，将刘秀封为武信侯，升任破虎大将军，其实这是明升暗降，夺走了刘秀的兵权。

尽管刘秀隐忍不发，但他的内心世界还是被一个人看破了，这就是冯异。冯异是刘秀攻打父城时抓到的俘虏，原来是王莽的郡掾。尽管刘秀在攻打父城中多次因冯异固守而没有如愿，但当他听说冯异很有才能时，还是以热情的态度召见了冯异，并把他留在身边，作为谋士。冯异见刘秀在极度悲痛中强行压抑着自己的感情，也知道他这样做的原因，就劝刘秀找机会自立旗帜，与刘玄分庭抗礼。

义军攻下洛阳后，刘玄想迁都洛阳，命令刘秀为司隶校尉，先到洛阳整修官府。刘秀深知天下百姓思汉，他来到洛阳以后，不仅尽职尽责修缮宫殿，还对当时的制度进行了改正，一切按照汉代的规章制度来实行，比如工作秩序、俸禄以及官吏的服饰和部署等。长安一带的官员也思恋汉朝，当他们听闻刘玄迁都洛阳之事后，纷纷赶来洛阳一睹皇帝的风采，结果却让他们大为失望，起义军将领不戴冠帽，用帻（巾帕）包头，要知道，在汉代，只有地位非常低下的人才佩戴帻。他们认为，服饰怪异必将天下大乱。当长安的遗老们见到刘秀一行人时，发现刘秀团队按照汉代的旧制穿衣戴帽，这才垂泪叹息：我终于如愿以偿地见到了汉官威仪。从此以后，人心渐渐倾向刘秀，他们在刘秀身上看到了一种王者的风范。而刘秀穿汉衣，行汉礼，一心向汉，并不是做给长安遗老们看，更是为了让刘玄看到自己的归顺之心，从而避免自己步长兄刘演的后尘。

不过，一味地归顺并不能保刘秀平安，只有脱离刘玄的控制，才是长久之道，没过多久，刘秀终于碰到了一个千载难逢的机会。更始政权把京都搬到洛阳后，任命刘秀为代理大司马，北渡黄河，到河北去安抚慰问。汉更始元年 (23 年) 十月，刘秀奉旨渡过黄河，抵达河北，终于脱离了牢笼，开始独立地发展自己的势力。

进入河北后，刘秀对所经过的郡县，公正审理诉讼刑狱，恢复汉朝制度，每到一处，都引起官民的一片欢腾。在邺城，也就是现在的河南临漳，刘秀遇到了不远千里、一路追赶而来的邓禹。邓禹是南阳新野人，刘秀在长安游学时的同学。听说刘秀巡行河北，邓禹一路尾随而来。刘秀在他乡遇到老同学，高兴异常，便开玩笑地说："我现在已经有了封官授爵的权力了，先生这么远前来，是不是想谋取一官半职呢？"邓禹也笑着但是很认真地说："要我当官，我不愿意，只愿阁下的恩德和威望普照四海，我能作为您的属下尽一尺一寸之力，以使我的声名记载在史册之上。"当天晚上，刘秀和邓禹长谈了一夜，这更加坚定了刘秀立足河北、统一全国、匡复高祖之业的决心。

汉更始元年 (23 年) 十二月，邯郸人王郎在邯郸称帝，占据了河北的大部分地区。王郎发布檄文：捉到刘秀的，封十万户。在公元 23 年底到公元 24 年初的这段时间里，刘秀一直处在王郎的追击下，疲于奔命，几次陷入绝境。更始二年五月，刘秀终于攻占了邯郸，杀死了王郎。在此后一年多的时间里，他巧妙地运用镇压和怀柔两种手段，消灭了河北地区的数十万义军，基本上控制了河北地区。

河北统一后，刘秀的部下三番五次劝刘秀称帝，但都被刘秀拒绝。直到更始三年六月，刘秀找来冯异问起各地的军情。冯异明白刘秀的意思，知道刘秀认为称帝的时机已经成熟，便对刘秀说："更始帝刘玄必败无疑，宗庙社稷现在全部系在您的身上，希望您能接受大家的建议称帝，匡复汉室。”刘秀于是就在更始三年（25 年）六月二十二日即位称帝，改年号为建武，史称光武帝。十月，刘秀率军攻克洛阳，便把洛阳作为都城。

经过多年的韬光养晦，刘秀在公元 36 年重新统一了全国。

第五章

务本、修德、守道、明宗，一心一意为达到目标而努力

《素书》本德宗道章第四

夫志心笃行之术，长莫长于博谋，安莫安于忍辱，先莫先于修德，乐莫乐于好善，神莫神于至诚，明莫明于体物，吉莫吉于知足，苦莫苦于多愿，悲莫悲于精散，病莫病于无常，短莫短于苟得，幽莫幽于贪鄙，孤莫孤于自恃，危莫危于任疑，败莫败于多私。

志心笃行，撸起袖子加油干，不达目标不罢休

成大事者不但有远大的志向和坚定的信念，还能踏踏实实地做事，一个字，干！一句话，向着心中的目标努力干！凡历史上成大业的人，都有着异于常人的志向、心胸和百折不挠的干劲儿。鲍叔牙一生与管仲相交、齐桓公重用管仲而称霸六国，就是因为他们非常清楚地知道自己想要什么，知道自己为了达成目标要怎么干。

先说管鲍之交。管仲年轻的时候就和鲍叔牙关系很好。他们二人曾经合伙做买卖，每次赚了钱，管仲总是多分些。认识他们的人都看不过去，说：“鲍叔牙真糊涂！本钱都是他出的，赚了钱，管仲凭什么多分呢？至少也应该一人得一半啊！”鲍叔牙回答：“你们不明白，管仲的家境不好，他有老母亲要奉养，多拿一些是应该的。”

他们二人也曾经一同上战场。打仗的时候，管仲总是躲在最后面，表现一点儿都不勇敢，于是人们对他更加不满。鲍叔牙知道这件事后，对人们说：“管仲不肯拼命的原因，是他的母亲年纪大了，只有管仲这么一个儿子，万一他有个三长两短，他的母亲就没人奉养了。”

管仲做了几次官，每次都因为表现不好被免职，大家都耻笑他。鲍叔牙知道这件事之后，对人们说：“管仲并不是不能干，只是运气不好。这些小事不适合他来做，他可以做更大的事情。”

后来，齐襄公的弟弟公子纠发现管仲是个人才，便请他当了自己的谋士。鲍叔牙也被齐襄公的另一个弟弟公子小白看中，拜为军师。齐襄公总是疑心他这两个同父异母的弟弟想要篡位，就想找机会除掉公子纠和公子小白。听到风声后，公子纠带着管仲跑到了鲁国的姥姥家避难，公子小白也带着鲍叔牙跑到了莒国的姥姥家避难。

公元前 686 年的冬天，齐襄公被手下杀死，他的堂弟公孙无知自立为

齐国国君后不久，也被手下大臣杀死，国家没有了君主。群臣力议，公子纠和小白孰先归者为君。二人听到消息，急忙动身往齐国赶。两支队伍正好在路上相遇，管仲为了让公子纠当上君主，就向小白射了一箭，谁知正好射中小白腰带上的挂钩，没有伤到小白。但小白假装中箭受伤，骗过了管仲。待六天后管仲将公子纠送到齐国边境，公子小白已经赶到临淄，成为齐国第十五任君主，史称“齐桓公”。而齐桓公一上任，就杀死了公子纠，把管仲囚禁起来。

当时齐国连续经历两次弑君之乱，国力一蹶不振。齐桓公想拜鲍叔牙为相，帮助他治理国家，鲍叔牙却说：“治理国家，我不如管仲。管仲宽厚仁慈、忠实诚信，能制定规范的国家制度，还善于指挥军队，这都是我不具备的才能。所以陛下要想治理好国家，只能请管仲当丞相。”

齐桓公不同意，说：“管仲当初射我一箭，差点儿把我害死，我不杀他就算好了，怎么还能让他当丞相？”

鲍叔牙说：“我听说贤明的君主是不记仇的。更何况当时管仲是为公子

纠效命。一个人能忠心为主人办事，也一定能忠心地为君王效力。陛下如果想称霸天下，没有管仲就不能成功。您一定要任用他。”最终，齐桓公被鲍叔牙说服，打算把管仲接回齐国，任命他当丞相。

接下来，我们看齐桓公和管仲的故事。

齐桓公为了表示自己对管仲的重视和信任，让天下人都知道自己贤达大度，齐桓公举办了隆重的仪式，亲自到郊外迎接管仲，并在宗庙里接见了他。然后，他们之间展开了一番关于治国理念的对话：

“我的哥哥襄公，骄奢淫逸、不理国政，看不见贤士，沉迷于女色，不管前线将士的疾苦，国家怎么能向前发展呢？我现在继位当了国君，怎么做才能让国家安定呢？”

“想安定自己的国家，就要称霸诸侯，没有称霸天下的雄心，国家也不会安定。”

“我想使国家富强、社稷安定，需要从什么地方做起呢？”

“必须先得民心。”

“怎样才能得民心呢？”

“要得民心，应当先从爱惜百姓做起。国君能够爱惜百姓，百姓就自然愿意为国家出力。爱惜百姓就得先使百姓富足，俗话说安定的国家常富，混乱的国家常贫，就是这个道理。”

“百姓已经富足安乐，兵甲不足又该怎么办呢？”

“兵在精不在多，兵的战斗力要强，士气必须旺盛。要训练出士气旺盛的军队。”

“士兵训练好了，如果财力不足，又该怎么办呢？”

“要开发山林，发展盐业、铁业、渔业，以此扩充财源。发展商业，取天下物产，互相交易，从中收税。这样财力自然就雄厚了，军队的开支不就可以解决吗？”

“兵强、民足、国富，就可以争霸天下了吧？”

“争霸天下是件大事，切不可轻举妄动。当前迫切的任务是让百姓休养生息，让国家富强，社会安定。”

管仲担任齐国丞相之后，因为看到齐国国土狭小，又靠近海边，便重视通商，积累财富，使国家富裕，军队强大，并顺从百姓的好恶意愿。他说：“只有仓库里的粮食堆满了，老百姓才会重视礼节；只有老百姓丰衣足食了，他们才会知道荣辱。在上位的人遵守礼度，亲属内部才会团结。不讲礼义廉耻，国家必然灭亡。上面下发的政令好比是流水的源头一样，一定要顺乎民心。”他的言论通俗而易于推行，归根结底就是：老百姓需要的，就给他们；老百姓不需要的，就废除。管仲死后，齐国仍然遵循他推行的改革措施，因此很快强盛起来。最终，齐桓公在管仲的辅佐下，成为公认的霸主。

齐桓公、管仲、鲍叔牙三人，用他们的一生，给后世意欲干大事的人讲了一个“志心笃行”的故事。

长莫长于博谋，谋摆脱困境的方法，博使办法周密

说到天下最有办法管教熊孩子的人，如果伊尹数第二，那可就没人敢说自己是第一。

伊尹是商王朝开国功臣，曾辅佐商汤推翻夏桀，建立政权，又辅佐外丙、仲壬、太甲三王，立下汗马功劳。传说，伊尹名挚（尹为官名），地位卑贱，看到汤是个有作为的人，便趁有莘氏嫁女之机，以陪嫁奴仆的身份来到商。伊尹很会烹调，到商后为汤掌厨。他利用侍奉汤吃饭的机会，为汤分析天下形势，历数夏桀暴政，进献灭夏建国的大计。后来，他得到汤的信任，被任命为“尹”（相当于右相），从此跟随商汤灭夏立商，成为商政权中的元老。

约公元前 1541 年，成汤的嫡长孙太甲在伊尹的帮助下继位。太甲当上天子后，不遵守祖宗立的法制，骄横，不问民间疾苦，贪图享乐，对臣民十分残暴。伊尹多次规劝，让他勤政爱民，可是他并不听伊尹的劝告，依然我行我素。太甲三年，伊尹将太甲关在王都郊外的桐宫（今河南偃师），让他闭门思过。这期间，伊尹自己摄政当国，代行天子职权。

太甲在桐宫住了三年，在伊尹的耐心开导下，悔过反省，痛改前非，施行仁义。伊尹便迎太甲归朝当政。太甲复位后，实行了一系列好的政策，诸侯归顺、百姓安居乐业，商王朝仿佛又回到了商汤当政的时候。传说太甲死后，伊尹作《太甲训》三篇，称颂太甲，并尊他为太宗。

太甲死后，沃丁即位，伊尹自觉年老，不再参与朝政。伊尹于沃丁八年病死，相传他活了一百多岁。沃丁以天子之礼隆重地安葬了伊尹，用牛羊豕三牲祭祀，并亲自临丧三年，以报答他对商王朝的贡献。伊尹享受后代商王的隆重祭祀，他的名字见于甲骨文，是中国历史上第一位名臣。

这个故事在《孟子》《左传》等书中也能看到，可见此故事的内容在古

代流传很广。

《资治通鉴》中也有关于这样的博谋故事，如唐朝大将李光弼善于“博谋”、避敌诱降的故事。

李光弼获得叛将史思明进兵河清的消息后，料定史思明要断绝河阳的粮道。他知道，若是粮道被断绝，军心必定大乱，敌人乘机进攻，就难逃败亡的命运了，所以赶紧率兵赶到野水渡。一番安排后，等到傍晚，李光弼又率兵暗中回到河阳。临行前，他命大将雍希颢和千名士兵留守在野水渡，并吩咐雍希颢：“对方的李日越、高廷晖是力敌万人的勇将，假如他们来攻营，千万不要出兵交战。如果指名要我出面跟他们一决高下，你可以老实告诉他们说我已回到河阳。倘若他们投降，则可带领他们来见我。”雍希颢心想：既然不要与对方的勇将交兵，何以人家会投降呢？东想西想也想不透。

史思明听说李光弼因担心粮道被切断，已移兵到野水渡，便对李日越说：“李光弼善于依凭着城池攻击敌人。如今，他驻军在野水渡，那儿一片旷野，根本无城池可依凭。你率领骑兵去擒他，必定要擒获，不然你就回来领罪。”李日越率领五百名骑兵迅速赶到野水渡，见栅门紧闭着，没有人出来迎战，便大声喊道：“李司空有胆子赶快出来交战，要不然我们要冲到营中了。”雍希颢登上营垒回答：“司空已经回到河阳了。”起初李日越还不相信，可雍希颢说：“骗你干什么，这对我有什么好处呢？”李日越忖度良久，想着捉不到李光弼，回去只有死路一条，擒住雍希颢也不能抵罪，只好投降。雍希颢说：“那么我跟您一道去见李司空。”于是他打开营垒，上马与李日越一同赶到河阳。李光弼看见李日越前来，很客气地以平等的身份去迎接，并且任命他为将军，视为忠诚的僚属。李日越随即写信给高廷晖，说史思明是苛刻不讲理的人，很不容易相处，所以他才投降李司空。他一来便获得优厚的待遇，劝高廷晖也应该早作打算，别惹上杀身之祸才后悔。高廷晖看了信，便单独骑着马来投降。

事后，雍希颢问李光弼：“您临走的时候，怎知道他们会投降呢？”李光弼解释：“史思明恨不得要跟我在旷野上一决高下，一旦听说我移兵于野水渡，他志在必胜，一定派遣勇将来擒我。而他对部将的要求一向很严厉，没有贯彻命令的人必定会被处死。所以我离开野水渡，敌将既无法擒获我，又不愿回去受死，便只好请降了。”李光弼这么一说，部将们无不叹服主将用兵如神。

摆脱困境的方法，是谋；使这个办法周密，是博。这样就能达到目的吗？我们来看一个发生在明朝开国皇帝朱元璋身上的故事。

丞相李长善年老，朱元璋找刘伯温商量：“你的朋友杨宪很有才干，可以为相。”刘伯温说：“杨宪的确有丞相之能，但却没有丞相的肚量。作为丞相，应该胸怀宽广，豁达大度，处理国事时，不掺杂个人情感，这些都是杨宪所不具备的，望另选他人。”

朱元璋又问：“胡惟庸如何？”刘伯温明确地回答：“此人居心叵测，不可为相。”

朱元璋说：“看来，只有先生您才是最好的人选。”刘伯温连忙摆手道：“我也许强些，但我对于别人的短处看得过于严重，又不善于处理复杂事务，勉强担当又恐有负你的所托。人才总是有的，请皇上再留心吧。”

但朱元璋并没有听刘伯温的话，坚持让胡惟庸做了丞相。最后果真不出刘伯温所料，胡惟庸野心勃勃，阴谋篡位，被发现后，朱元璋后悔当初没有听刘伯温的话。

可见，“博谋”最终还是要落在“笃行”上，否则毫无意义。

安莫安于忍辱，在形势不明朗的情况下保持清醒

人们常说“怒从心头起，恶向胆边生”，但小不忍则乱大谋，从这个意义上看“安莫安于忍辱”，就能理解其中的深意了。唯有能忍，才不会迷失在不明朗的形势下，才能将精力更集中于自己预定的事业。

这样的历史故事太多了，我们先来看看少年天子康熙是如何智擒鳌拜的。十四岁的康熙帝亲政后，按理说辅政大臣应该把权力交还给皇帝，但鳌拜却仍然把持权力，企图继续架空皇帝，把年轻的皇帝变成自己的傀儡。

皇帝与权臣之间的矛盾，终于在如何处理苏克萨哈的问题上公开化。苏克萨哈是顺治皇帝临终时指定的四位顾命大臣之一，因镶黄旗与正白旗圈换土地的问题，他与鳌拜之间的矛盾日益激化。在一次朝会上，鳌拜对康熙说：“苏克萨哈心怀不轨，蓄意篡权，我已下令将他抓了起来。请皇上同意将苏克萨哈立即正法。”康熙对鳌拜的做法颇为不满，可此时自身实力不够，远不是鳌拜的对手。在康熙不允其请的情况下，鳌拜仍矫诏诛杀了苏克萨哈。听到苏克萨哈被处死的消息后，康熙下定决心要除掉鳌拜。他深知这事如若处置不好，后果将不堪设想，所以就隐忍不发，装出一副胸无大志的样子麻痹鳌拜，直到最后利用布库少年一击而致鳌拜于死地。

不过，说起忍辱，人们最容易想到的还是韩信。据说，韩信年轻的时候家境贫寒，而且品行不端，既不可能被人推荐去做官，也不会经商做买卖，只好常常跟着别人吃闲饭，因此人们大都厌恶他。

韩信曾经在城下钓鱼，有位在水边漂洗丝绵的老太太看到他饿了，就拿饭来给他吃。韩信非常高兴，对老太太说：“我一定会重重地报答您老人家。”老太太生气地说：“还男子汉大丈夫呢，竟然不能自己养活自己！我不过是可怜你才给你饭吃，难道是希图什么报答吗？”

一个屠户甚至当街侮辱韩信：“你虽然长得高大，好佩戴刀剑，却是

最胆小如鼠不过了。”并在众目睽睽之下羞辱他：“韩信，你要是真的不怕，就来刺死我。如果怕死，就从我的胯下爬过去！”韩信于是仔细地打量了那个屠户，最终俯下身子，从他的两腿间钻了过去，趴在地上。满街的人都嘲笑韩信，认为他胆小，却不知道他心里到底有多大的志向。

后来，项梁渡过淮河北上的时候，韩信去投奔他，留在项梁麾下，一直默默无闻。项梁失败后，韩信又投靠项羽，这次好一些，他被项羽任命为郎中。可是，韩信多次向项羽献策以求重用，项羽却不予采纳。听说汉王刘邦进入蜀中，韩信又逃离楚军归顺了刘邦。起初，韩信只是做了个接待宾客的小官。有一次韩信犯了法，应判处斩刑，与他同案的十三个人都已被斩首，轮到他时，他抬头仰望，刚好看到了滕公夏侯婴，便说：“汉王难道不想得天下吗？为什么要斩杀壮士啊？”夏侯婴觉得他的话不同凡响，又见他外表威武，就释放了他。与他交谈后，夏侯婴非常欣赏他，于是向刘邦举荐。刘邦授予他治粟都尉一职，但还没有看出他有什么过人之处。一直到萧何发现了他的才能，刘邦拜他为大将之后，韩信才开始施展才华，并最终建立了功业。

三国时期，还有一个笑对羞辱的人物是司马懿，施计的人是诸葛亮，这个故事也非常有名。

北伐曹魏，统一中原，是诸葛亮早在《隆中对》中就提出的目标。227年，一切准备就绪，诸葛亮向刘禅上了《出师表》，对后方的政治、军事做了妥善的安排后，率领老将赵云、魏延及年轻将领马谡等，统率二十万大军进驻汉中，伺机北伐。228年春，诸葛亮大军在祁山（今肃秦安县）迎击魏军。马谡自恃精通兵法，不遵守诸葛亮的部署，私自扎营山上，被张郃打败，街亭失守；与此同时，赵云、邓芝也出师不利。诸葛亮见此，只好退回汉中，第一次北伐就这样失败了。回到汉中，诸葛亮挥泪斩马谡，并自贬三等。但是，诸葛亮并没有因此灰心丧气，而是着手准备再次北伐。

228年冬，曹休被孙吴大将陆逊打败，曹军主力东下增援，诸葛亮趁机再次北伐，兵出散关（今陕西宝鸡西南），围攻陈仓。魏将郝昭离军死守二十多天，蜀军粮草将尽，而魏将曹真又率兵来援，诸葛亮只好无功而返。

229年和231年，诸葛亮又分别两次北伐，虽然取得了一些局部战斗

的胜利，但始终未能与魏军主力决战，而且因为粮食运输的问题，均无功而返。

234年春，诸葛亮发动了第五次北伐，也是他一生中的最后一次北伐。此次北伐，诸葛亮用了三年时间做准备，他设计了流马来运输粮草，并且和孙权约好同时伐魏。诸葛亮率领十万大军，从斜谷出兵，于五丈原与司马懿在渭水相对峙。为了进行长期作战，诸葛亮决定分兵屯田，使屯田兵与渭水沿岸居民杂居，一起农耕。

而司马懿则采取坚壁拒守的对策，不出战。两军在五丈原相持一百多天，其间诸葛亮不断向司马懿挑战，司马懿不为所动。诸葛亮无计可施，只好命人送给司马懿一套女人的衣服，以此嘲笑他懦弱，试图激怒司马懿出战。但是司马懿含笑接受，仍不为所动。而此时传来消息，与诸葛亮同时出兵的孙权因兵败而退回江南，诸葛亮不由得担心魏国的援军会来。这年八月，诸葛亮积劳成疾，病逝于五丈原，时年五十四岁。诸葛亮死后，大将姜维和杨仪依诸葛亮生前部署，撤退到汉中——诸葛亮终于没有能完成他梦寐以求的统一大业。

而司马懿因为能笑对羞辱，在整个战役中保持沉着冷静、胸有成竹，成为最后的胜利者。

乐莫乐于好善，乐在其中，成就对方也成就自己

魏征是唐初的谏议大夫，与房玄龄、杜如晦等人辅佐唐太宗成就“贞观之治”。他在历史上以敢犯颜直谏著称，开创历史上君“畏”臣的先例。这君臣二人，一个虚心纳谏，另一个直言进谏。一唱一和之间，乐在其中，既成就了对方，也成就了自己，共同谱写了一段明君良臣的千古佳话。

有一次，太宗的左右近臣里有人诋毁魏征偏袒朋友，太宗就命温彦博去考察。结果虽与事实不符，但温彦博认为魏征作为大臣，不知道避嫌，即便是遭到无端的诽谤，也应当受到责备。太宗于是就命温彦博去责备魏征。这事儿过了不多久，魏征觐见太宗，说君臣应当一条心、上下一体，如果臣子只注意自己的口碑形象，国家的兴盛和败亡就难以预料了。这话让太宗吃了一惊，颔首说道：“我懂得你的意思！”魏征于是赶紧磕头，说：“希望陛下让我成为良臣，而不要让我去做忠臣。”

李世民问：“忠臣、良臣有什么区别吗？”魏征说：“良臣不仅让自己获得美名，也让君主威名远扬，君臣二人齐心协力，共享荣耀，此为良臣。而忠臣与君主争论谏议，宁死不屈，却让君主陷于愚昧、残暴的境地，以致国破家亡，君主留下恶名，而自己落一个忠臣的空名。”

太宗深深地被魏征的话打动，又问：“做君主的人，怎样才能贤明，犯什么样的过失才会昏庸？”魏征回答：“君主之所以贤明，在于能够听取多方的意见；君主之所以昏庸，在于偏听偏信。尧舜两位君主大开四门，眼观六路，耳听八方，好听的话和荒谬的行为，不能迷惑他们。秦二世躲在深宫之中，不出去体察民情，偏信赵高的话，天下人都逃亡或叛乱了，他也不知道；梁武帝偏听朱异的话，侯景即将破城，他还被蒙在鼓里；隋炀帝偏信虞世基的话，盗贼遍布全国而自己却不晓得。所以说，如果君主能多方听取意见，奸臣就不能蒙蔽君主，而下情才能顺利上达朝廷。”

郑仁基有一个女儿，既漂亮又有才华，皇后请求皇帝将她纳入宫中，册封的典册都已经备好了。魏征也不知道从哪里获悉，郑仁基的女儿已经订有婚约，就向太宗进谏：“陛下在楼台里居住，就应当让人民有居住的地方；陛下享用美味佳肴，就应让民众能吃饱肚子；陛下看到身边的嫔妃，就应让百姓有家室。如今郑仁基的女儿已经许配他人，陛下却要把她纳进后宫，难道是百姓父母的做法吗？”太宗听后，深深地责备自己，立即下诏停止册封。

唐太宗登基后，曾经和大臣们谈到教化天下的问题：“现在正是大乱之后，老百姓真是不容易教化呀！”魏征说：“不是这样。国家长久的安定会让老百姓变得骄纵享乐，老百姓骄纵享乐会变得难以教化。经历了动乱的老百姓懂得愁苦，懂得愁苦的老百姓便容易教化。这就好像饥饿的人对食物容易满足，干渴的人对饮水不挑剔。”

唐太宗很认可这种说法，又问：“前人不是曾经说过，善人治理国家一百年，然后才能消灭残暴，去除死刑吗？”魏征回答：“这不是圣哲之人

说的。圣哲之人治理国家，其功效就如回声一般，一周年就可以见到成效，不算太困难。”

封德彝不认同魏征的看法，说：“并非如此。从夏、商、周三代以后，人们渐渐变得浮薄诈伪了，所以秦代靠刑法来治国，汉代则夹杂了霸道之法，这是因为想要教化却无法实行，哪里是不想依靠教化啊。”

魏征反驳说：“五帝和三王并没有互换百姓再实行教化，实行的是帝道便成为‘帝’，实行的是王道便成为‘王’，关键是君主实行的什么。黄帝赶走蚩尤，是经过七十次战斗才平息这次祸乱的，接着达到了无为而治的美好境界。九黎为害人民，颛顼帝发兵征讨，在打败九黎后就将国家治理得很好。夏桀昏乱，商汤将他流放；殷纣王残暴，周武王率军讨伐。商汤与周武王都在自已执政期间，使天下得以太平，难道不都是在大乱之后吗？如果人们逐渐轻薄奸诈，再也不能回到淳朴的话，现在该是鬼魅的世界了，又怎么能教化他们呢？”

封德彝虽无法反驳，心里仍不认同魏征的话。但太宗却对魏征的话全部接受，毫不怀疑。贞观四年（630 年），天下大治，少数民族的首领们改用汉族的衣冠，带着刀来京师戍卫；东到大海，南到南越五岭，百姓居家夜里不用关门；行人和商旅外出不用携带粮食，在路上就能得到供应。太宗告诉文武百官：“这是我听从魏征的劝告实行仁义的成效啊！可惜封德彝已经去世，见不到这样的情景了！”

后来，太宗在丹霄楼设宴，席间他告诉长孙无忌：“魏征、王珪从前侍奉隐太子李建成、巢王李元吉，确实可恶，但我能放开旧怨而任用人才，可以说无愧于古人。但是魏征每次进谏，如果我不听从，我发了话他总不立即回应，这是什么缘故？”魏征解释：“我认为事情不对，就要劝谏，如果陛下不肯听从而我又立即答复，我担心陛下会马上实行。”

太宗问：“你先答应，再另找机会把问题提出来，难道不行吗？”魏征坚持自已的观点，说：“古时舜帝告诫群臣：‘你们不要当面顺从，退下后又有话说。’如果臣当面顺从陛下，再另找机会陈述意见，这不是良臣规劝君主的办法。”

太宗大笑：“有人讲魏征行为举止狂傲怠慢，我却只见到他的恭敬、顺从！”魏征又一次磕头谢恩说：“陛下启发引导我进言，我才敢这样。若非如此，我怎么敢多次冒犯陛下呢？”

可见，太宗与魏征心有灵犀、心照不宣，他们携手走在彼此成就的阳关大道上。

神莫神于至诚，真诚到极致胜过任何技能

俗话说，“心诚则灵”，一个人真诚到了极致就是“至诚”，“至诚”的力量胜过任何技能。有高超的技能而没有一颗“至诚”之心，也许可以在小处取巧；而至诚之人，大可安邦定国，小能保全性命。

咸丰三年（1853年）2月，太平军从武汉顺江东下，攻占安徽省省会安庆，杀死安徽巡抚。这时，在京城当翰林院编修的李鸿章听说家乡省城被太平军攻占，“感念桑梓之祸”，赶回家参与兴办团练。但他只是一介书生，无权无兵无饷，结果一事无成。1859年初，李鸿章在哥哥李翰章的引荐下入曾国藩幕，经过几年戎马历练，李鸿章显示出过人的办事能力，深得老师的器重。

1860年9月，皖南道员李次青丢失徽州府，心中万分内疚，想向曾国藩负荆请罪，又怕昔日同窗不容他，便托李鸿章去试探下。

于是李鸿章带着众位幕僚去见曾国藩，大家都认为李次青丢失徽州府情有可原，请曾国藩这次宽恕他，给他一个戴罪立功的机会。曾国藩一听，果然火冒三丈，反而叫李鸿章去问问李次青，是不是还记得他自己亲手立下的军令状。

李鸿章虽然是曾国藩的学生，但也年近四十，而且是朝廷任命的四品大员，多次帮曾国渡过难关，在诸位同僚中的地位也非同寻常，如今被曾国藩这样训斥，心里很委屈，脸上也有些挂不住，壮起胆子分辩说，副将徐忠勾结长毛才是这次失守的主要原因，而且，李次青到徽州仅仅九天时间，真要追查责任，主要责任应该在张副宪身上。

曾国藩反唇相讥，张副宪守了六年徽州都没丢，李次青一去就丢了，到底该怪谁？

李鸿章认为，如果失城就该被参劾，那得先参鲍超，因为正是鲍提督

先失了宁国府，才祸及徽州府的。

曾国藩解释道，鲍超丢了宁国府是有罪，但人家回头救了祁门又立下战功。而李次青丢失徽州二十多天却一面不露，他到哪里去了？李次青一向会对对子，不知道现有人也做了一副对子骂他吗？

“士不可丧其元，君何以忘其度”，这副骂李次青的对联李鸿章当然早就听说过，但他却并不想就这样放弃。既然跟老师讲理讲不通，那就和他讲情好了，于是孤注一掷地说，李次青从咸丰四年（1854年）跟随曾国藩，六七年来战功累累，就是老师自己也曾经多次对人说过，对他有“三不忘”，现在要是如此计较他的一次过失，就不怕寒了湘勇将领们的心吗？

如果说此前曾国藩对处理李次青还有些犹豫的话，李鸿章的这番话正如火上浇油一般，让曾国藩下定了决心：既然李鸿章都这样想，其他人肯定也这样想，那么，他要是不严厉处罚李次青，就一定有人觉得他顾念旧情、徇私枉法。于是，桌子一拍，叫道：“李次青不参，天理何在？国法何在？”

李鸿章也生气了，直愣愣地对老师说：“恩师一定要参李次青，门生不敢拟稿。”

根据曾国藩的指示拟稿，原本是幕僚分内的职责。李鸿章居然说出这样的话，曾国藩大出意料，强压着怒火，态度强硬地说：“不要你拟，我自己写。”

这句话的意思也很明白：我并非一定要依靠你，没有你，我照样能把事情搞定。

李鸿章无路可退，只得咬咬牙，说：“恩师既不需要门生，门生就告辞了。”

曾国藩冷冷地说：“请自便！”

李鸿章愤怒异常，对人说自己原认为曾国藩为豪杰之士，能容纳不同意见、各种人物，“今乃知非也”。当天夜里他便离开了曾国藩。

曾国藩对此大为恼火，认为李鸿章不明大义，不达事理，在自己困难时借故离去，慨叹“此君难与共患难”。但后来，经过胡林翼、沈葆桢等人的调和，曾国藩还是听从了李鸿章的建议离开祁门，移师东流。

而李鸿章离开曾国藩之后，过得也很不如意，于是起了再回曾国藩幕的心思。所以，在曾国藩进攻安庆接连获胜后，李鸿章便写信致贺。曾国藩知道学生回心转意了，也捐弃前嫌，写信邀请他回营，并派他回家乡组建淮军、驰援上海，稍后又上奏任李鸿章为江苏巡抚。从此，师生二人心有灵犀，演绎了诸多官场双簧好戏。

1863年，李鸿章的淮军攻克苏州后，朝廷命令他率部前往南京增援正在攻打“天京”的曾国荃部。接到命令后，李鸿章一直以种种理由迁延不前，以致受到朝廷的严责。倒是曾国藩理解李鸿章的用心，为学生辩护说：“李鸿章平日任事最勇，进兵最速，此次会攻金陵，稍涉迟滞，盖绝无世俗避嫌之意，殆有让功之心，而不欲居其名。”其实，明眼人都知道，湘军已将“天京”团团围住，曾国荃独占全功之心切，不愿被他人分功。而曾国藩颇有为难之处，作为两江总督，他有责任命李鸿章速往，但如此一来又会使胞弟大不满意。李鸿章体谅老师的难处，甘冒被朝廷责备的风险一再拖延。当然，李鸿章心里也明白得很，朝廷真的怪罪下来，老师一定会为他说话的。

李鸿章接替曾国藩做直隶总督，将要参与外交之际，曾国藩问他有什么主意，他说："门生也没有打什么主意，我想与洋人交涉，不管什么，我只同他打痞子腔。"曾国藩说："痞子腔，我不懂得如何打法，你试打与我听听。"李鸿章知道曾对此非常不以为然，急忙说："门生信口胡说，错了，还求老师指教。"曾国藩以手捋须，盯着李鸿章教训他说："就是一个'诚'字。"

多年后，李鸿章和人谈起这件事情，还坦率地对人说："我碰了这钉子，受了这一番教训，脸上着实下不去。然回心想想，我老师的话很有道理，是颠扑不破的，我心中有了把握，急忙应曰：'是！是！门生准奉老师训示办理。'后来办理交涉，不论英俄德法，我只捧着这个锦囊，用一个'诚'字，同他相对，果然没有差错，且有很大的收效。古人谓一言可以终身行，真有此理。"

李鸿章在说这些话时，官职已经比曾国藩高了，但他谈起曾国藩来，仍一口一个"我老师"。

孤莫孤于自恃，有才华的人最难战胜的是自己

一个有才华的人最难战胜的，是自己。恃才自傲的人，自认为无所不能，老子天下第一，什么都能看见，结果看不到别人的长处，听不进别人的意见，最后的下场注定是“茕茕孑立，形影相吊”。

梁武帝萧衍出身于江南的名门望族，是西汉丞相萧何的二十五世孙。他自小博学多才，文武双修，后来得到南齐竟陵王萧子良的器重。萧子良是南齐武帝次子。齐武帝生了重病，奄奄一息之际，萧子良让萧衍密谋篡改齐武帝的诏书，立自己为新帝。萧衍再三斟酌后认为风险太大，于是在关键时刻，转而投在了齐武帝的弟弟齐明帝萧鸾麾下，导致萧子良的计划流产。当年，齐武帝猜忌萧衍的父亲萧顺之，致萧顺之抑郁而亡。所以，萧衍此举，也算是为父亲出了口恶气。没过多久，齐武帝让萧衍率兵抵御北魏军队，经此一场恶战，萧衍大获全胜，在当地打出了名声。

南齐永元三年（501 年），萧鸾去世，他的儿子萧宝卷继位。萧宝卷为政手段狠辣，残害忠良，不少人平白无故枉送了性命。萧衍借此良机，打着为民除害的旗号，趁机率兵攻进了建康台城，齐帝萧宝卷被杀。萧衍拥立萧宝融为帝。中兴二年（502 年），萧宝融让位于萧衍，南齐王朝从此灭亡。萧衍在原来南齐的基础上建立了梁国，成为南朝梁国的开国皇帝，史称梁武帝。502 年也就成为天监元年。

建国之初，萧衍大力反腐倡廉。以前的皇帝生活奢靡，但萧衍非常节俭且清廉。据《资治通鉴》记载：“上身服浣濯之衣，常膳唯以菜蔬。每简长吏，务选廉平，皆召见于前，勖以政道。”他穿戴洗过的衣服，平时吃饭也只吃蔬菜，不吃肉类。在对官吏的选拔任用上，他再三强调，要求地方官一定要清廉。萧衍还经常召见、训导他们，要他们明白为国为民之道，务必心系民众，务必清正廉明。

天监二年（503 年），北魏趁梁建立之初立足不稳，多次派兵南下，欲夺取梁长江以北地区。梁武帝先发制人，利用巢湖之水淹没了北魏的城镇。魏军被迫应战，两军交战长达一年之久。魏军迟迟没有取得进展，便收兵返回寿阳坚守不出。506 年，梁王命将领韦睿率兵进攻合肥。韦睿借着雨季在高处筑起水坝，用水的冲击力辅助进攻，一举战胜了魏军，俘获了上万名敌军，合肥三城就此落入了梁国的囊中。北魏看形势不利，立马增派二十万人迎击梁军。梁武帝在这危急时刻，让韦睿和曹景宗一起共谋与北魏交战。经过一番恶战后，魏军惨败，士卒死伤十万余人，被俘五万多人。经此一战，北魏元气大伤，梁军占据了主导位置，获得了主动权。

527 年，北魏因为变革一事引发了“六镇之乱”。梁武帝顿感时机已到，便派遣大将陈庆之护送投降梁国的北魏海王元颢回国，企图在北魏扶立一个亲梁的傀儡朝廷。陈庆之趁着北魏的主力部队在平定北方势力之际，出其不意地杀入北魏境内，一路上连连击溃魏军留守的兵力。经过一百四十多天的英勇战斗，他攻下了北魏三十二座城池，直逼洛阳，扶立元颢为帝。

随着统治时间的增长，梁武帝在让梁国变得强大的同时，心理也发生了微妙的变化。他在处理国家发展的重要决策上，一方面开始变得骄傲自负，另一方面又慢慢变得保守起来。自527年开始，梁武帝向民众推行儒释道三教融合，但屡试屡败。这个事情的出发点很好，但有悖于常理，最终以失败告终。对于群臣来说，问题的关键并不在文化推广上，而在于日渐衰老又固执己见的梁武帝让梁国开始转向衰落。

随着时间的推移，梁国的开国将相慢慢都去世了，梁武帝身边围绕着阿谀谄媚的小人。老皇帝听多了奉承的漂亮话，对直言进谏者弃之不理，这让有识之士无比心寒。

548年爆发的侯景之乱，正是由梁武帝的严重失误引起的。侯景是东魏的大将，因不服新主高澄而谋反，后来在北魏东西双重夹攻之下，无法立足北方，便向梁国投降。侯景率残兵前来投降梁武帝时，群臣纷纷阻止，说："此人狼子野心不得不防。"但梁武帝破口大骂："混账东西，我昨晚梦到有名将来投，这是吉兆。"梁武帝自负地认为这是上天的安排，就爽快地答应了侯景，可惜灾祸也随之而来。

548年，侯景借着讨伐朝中奸臣的名义，率八千人的部队起兵。因为梁武帝轻敌，侯景连下谯州、历阳等城镇，离都城建康越来越近。梁武帝慌了，命侄儿萧正德和太子萧纲布防。却不知道，萧正德竟是侯景的内应。侯景很快到达建康城，百姓闻风丧胆，纷纷逃入梁的宫城台城避难。台城历经东晋、宋、齐、梁四代的经营，共有三重坚固城墙，易守难攻。侯景军便将台城团团围住，下令叛军加紧攻势，同时采取火攻、引玄武湖水灌台城等方法，历经五个多月，终于在549年3月攻克台城。侯景为了引来残余的梁国叛军，没有杀梁武帝，而是将他软禁在寝宫。直到两个月后，侯景断绝了武帝的食物，梁武帝被活活饿死在台城净居殿，享年八十六岁。

萧衍在年轻气盛之时建立梁国，与北魏对抗四十余载，却因一场叛乱结束了自己的生命。自负的人走到末路，必将自食其果。

危莫危于任疑，双方都时时感到自己处于危险之中

“疑”的过程，实际上是一个博弈的过程：对一方而言，是判断“疑”或者“不疑”；对另一方而言，是选择继续让人怀疑，或者采取措施让对方暂时不怀疑。“疑人不用”，是兵家的铁律，因为任用自己疑心的人，双方都会时时感到自己处于危险之中，备受煎熬，最后往往反目成仇，酿成大祸。

隋朝末年，农民起义风起云涌，官员也纷纷倒戈，隋炀帝因此对朝中大臣，尤其是外藩重臣疑心重重。唐国公李渊声望很高，大家都替他担心，怕他受到隋炀帝的猜忌。有一次，隋炀帝下诏让李渊到他的行宫去觐见。李渊因病未能前往，隋炀帝很不高兴。当时，李渊的外甥女王氏是隋炀帝的妃子，隋炀帝问她李渊未来朝见的原因，王氏说是因为病了，隋炀帝又问：“会死吗？”王氏把这消息传给了李渊，李渊知道隋炀帝容不得他，但眼下自己又没有起事的能力，只好故意败坏自己的名声，整天沉湎于声色犬马之中。隋炀帝果然因此放松了警惕，直到李渊在太原起兵才后悔莫及。

李渊不仅用这一招对付过杨广，还用同样的方式稳住了李密。

太原起兵后，李渊选择关中作为长远发展的基地，几经权衡，他写信给瓦岗军首领李密，详细说明了自己的起兵情况，并表示希望与瓦岗军友好相处。不久，使臣带来了李密的回信，李渊看了，口说：“狂妄至极！”心里却踏实多了，私下笑眯眯地对次子李世民说：“李密妄自尊大，绝非是一纸书信便能招来为我效力的人。我现在急于夺取关中，也不能立即与他断交，增加一个劲敌。”

原来，李密拥有洛口要隘，控制着河南大部，向东可以阻击或奔袭在扬州的隋炀帝，向西则可以轻而易举进取已被李渊视之为发家基地的关中。所以，他自恃兵强，欲为各路反隋大军的盟主，在信中劝说李渊听从他的

领导，早点去见他。

为了解除西进途中的危险，同时化敌为友，借李密的大军把隋炀帝企图夺回长安的精兵主力截杀在河南境内，李渊回了一封信，大意是：当今能称皇为帝的，只能是李密。我年已五十有余，无此愿望，只求到时能再封为唐公，便心满意足，希望你能早登大位。因为附近尚需平定，所以暂时无法脱身前来会盟。李世民看了信，对父亲说："此书一去，李密必专意图隋，我可无东顾之忧了。"果然，李密中了李渊之计，全心全意地与隋军主力决斗。之后几年，李密消灭了隋王朝最精锐的部队，自己被打得只剩两万人马。而李渊则不费吹灰之力便收降了李密余部。

在这两场博弈中，李渊都是胜利者，在"疑"与"不疑"之间，他完全占据主动。这一点，他显然做得比韩信要好得多。

韩信平定了齐国，派人对刘邦说他希望代理齐王。刘邦勃然大怒，骂道："我被围困在这里，日夜盼望你来帮助我，你却要自立为王？！"这个时候，刘邦已经对韩信生疑了，但因为汉军正处于不利的形势，他没有余力阻止韩信称王，为了不致发生变乱，只得派遣张良前去立韩信为齐王，再征调韩信的部队攻打楚军。此后，刘邦虽然仍重用韩信，但却对其时时保持警惕。

不过，韩信却没有意识到，他和刘邦之间的信任正在崩塌，而他终将为此付出沉重的代价。当初劝说韩信攻齐的蒯通，这时候又劝韩信拥齐自立。为了让韩信清楚地意识到他跟刘邦之间的情势变化，蒯通还以张耳和陈馀的往事为例：张耳和陈馀曾是刎颈之交，但在巨鹿之战后产生了巨大的隔阂，关中分封后，先是陈馀赶跑了张耳，张耳又在韩信的帮助下斩杀了陈馀，结果曾经的刎颈之交变成了天下的笑柄。他们两人的关系，不可谓不深厚，但最后却到了自相残杀的地步，这是为什么呢？可以共患难，不可同富贵。他进一步提醒韩信："跟汉王的交情比张耳和陈馀的兄弟之情还深厚吗？况且，您和汉王之间的利益矛盾牵扯远比张耳和陈馀之间要严重得多，所以，您觉得汉王会善待您吗？"

但韩信认为自己的功劳很大，刘邦不会夺去自己的封地，犹豫再三，他谢绝了蒯通，没有背叛刘邦。即使刘邦被困固陵，韩信到垓下与其会师，项羽被打败以后，刘邦突然袭击，夺去韩信的兵权时，韩信也只是认为刘邦多疑，并没有为求自保而背叛刘邦。汉高祖五年（公元前 202 年）正月，刘邦改封齐王韩信为楚王，定都于下邳。钟离眛事件之后，韩信提着钟离眛的头，到陈县拜见刘邦。刘邦先以"有人告发你谋反"为由，给韩信戴上刑具，可到了洛阳，却又赦免了韩信的罪，封他为淮阴侯。如此反复，终于让韩信彻底明白了当年蒯通那番话的深意。从此他心生怨恨，常常借口生病，不朝见刘邦，也不再跟随刘邦左右，只是闷闷不乐地待在家里。

汉高祖十年（公元前 197 年），陈豨反叛，刘邦亲自带兵前往讨伐。韩信托病，没有随从出征，打算与陈豨里应外合谋反。吕后得知消息，想召见韩信，又怕韩信的党羽不肯就范，就跟萧相国商议。萧相国欺骗韩信说，有人从皇上那里来，带回消息说陈豨已经被捉住杀了，列侯、群臣都要去称贺，你尽管有病在身，也得去呀。韩信不怀疑萧何的话，去拜见吕后。可一进宫，他就被吕后安排的人捆绑到长乐宫的钟室杀了。

汉高祖讨伐陈豨回到京城，听说韩信已死，态度是"又高兴又怜惜"。他高兴的，是终于除了一块心病；怜惜的，又是什么呢？

第六章

行事不义 终将自取其辱

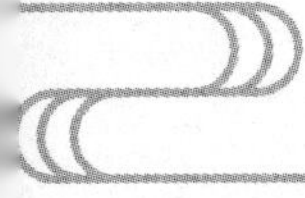

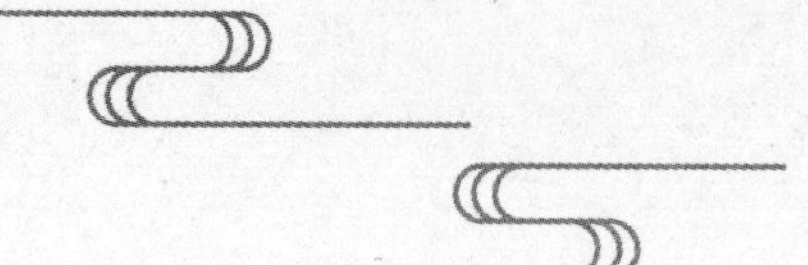

《素书》遵义章第五

以明示下者暗，有过不知者蔽，迷而不返者惑，以言取怨者祸，令与心乖者废，后令缪前者毁，怒而无威者犯，好众辱人者殃，戮辱所任者危，慢其所敬者凶，貌合心离者孤，亲谗远忠者亡，近色远贤者昏，女谒公行者乱，私人以官者浮，凌下取胜者侵，名不胜实者耗。

略己而责人者不治，自厚而薄人者弃废。以过弃功者损，群下外异者沦，既用不任者疏，行赏吝色者沮，多许少与者怨，既迎而拒者乖。

薄施厚望者不报，贵而忘贱者不久。念旧恶而弃新功者凶，用人不得正者殆，强用人者不畜，为人择官者乱，失其所强者弱，决策于不仁者险，阴计外泄者败，厚敛薄施者凋。战士贫游士富者衰；货赂公行者昧。

闻善忽略，记过不忘者暴；所任不可信，所信不可任者浊。牧人以德者集，绳人以刑者散。小功不赏，则大功不立；小怨不赦，则大怨必生。赏不服人，罚不甘心者叛。赏及无功，罚及无罪者酷。听谗而美，闻谏而仇者亡。能有其有者安，贪人之有者残。

有过不知者蔽，愚蠢的人，有过失却不自知

“人非圣贤，孰能无过？过而能改，善莫大焉。”这句出自《左传·宣公二年》的名言，至今仍是人们的口头禅。是呀，谁也不是圣贤，怎能不犯错？错了，能够改正，就很好呀。问题的关键其实就在后半句，知错，然后改正。但真正能做到这一点的人，其实并不多，因为知错能改的人很少，“有过不知者蔽”，有错而不自知的愚蔽人，这世上太多了，讲一个广为流传的“三季人”的故事。

这个故事来自《论语·子贡问时》。孔子有一位弟子，名叫端木赐，字子贡。他是孔子的得意门生，孔门十哲之一。有一次，子贡在孔子门前扫

地，碰到有人前来拜访孔子，不巧的是，孔子此时正在午休。子贡不想打扰孔子午休，于是就询问那人找孔子有什么事情。

来人说："闻言孔子博学古今，今日前来拜访，想请教一个问题。"子贡说："老师在午休，我是孔子的弟子，有什么问题的话，我也可以简单解答。"那人一听，顿时大喜，于是问道："一年有几季呀？"此言一出，子贡有些诧异，问："这还用问，一年四季，当然是四季了！"可那人一听，顿时就不乐意了，脸红脖子粗地告诉子贡："胡说，一年分明只有三季。"二人争论起来，一个说一年有四季，另一个说一年只有三季，争来争去没有什么结果，便决定前去询问孔子，谁若说错了，谁就跪下给对方磕三个头。

双方刚刚达成约定，听到动静的孔子走了出来，经过一番了解后，孔子对子贡说："一年确实只有三季！"此言一出，子贡顿时目瞪口呆，但他还是信守承诺，老老实实地给那人磕了三个头。看到子贡愿赌服输，那人兴高采烈地走了。

那人离开后，孔子告诉子贡："你是对的，一年确实有四季！"子贡不解："那老师您为何还要让我白磕三个头呢？"孔子说："你看那人全身都是绿色，他是蚂蚱呀，蚂蚱春天生，不到冬天就死了，所有的蚂蚱这辈子都看不到第四个季节，你怎么能让他知道一年有四季呢？倒不如你磕三个头，他开心，你也不用再费劲和他争，那就皆大欢喜了。"

孔子不愧是圣人，用一个通俗易懂的小故事，就把一个为人处世的大道理讲述得清清楚楚。对于有些人，你永远不要和他们争论，永远不要试图去说服他们，因为由于他们自身条件的限制，永远都无法理解你所说的，就像蚂蚱不知道有冬季一样。

一个不认为自己有错的人，又怎么可能改错呢？这样的"三季人"，从古至今一直存在，我们在生活中经常会遇到。但正如故事中孔子所言，在生活中遇到这样的人，不用太较真儿，皆大欢喜就好。但有些时候，那不知道自己有错的人位高权重，带来的结果就没有这么轻松了。这里我们讲一个有关削藩的故事。

削藩，是君主为了收回诸侯或地方割据势力手中的部分或全部权力，而实施的政策。这个有关削藩故事的主角是汉景帝刘启的老师晁错。晁错小时候接受过完整的法家教育，也就是如何通过严刑峻法来治理国家。刘启还是太子时，学习法家之术小有所成的晁错便进入仕途，并很快成为刘启的老师。因为他博学多才，被刘启称为“智囊”。

晁错针对匈奴问题、诸侯王权力过大问题、朝廷财政危机问题等，都向汉文帝提出过一些很有见地的主张。可惜那时候汉文帝刘恒年迈，已经没有雄心了，这些主张都没有被采纳。汉文帝去世，汉景帝刘启继位，晁错便向汉景帝呈上了一道《削藩策》，再次向朝廷提出他的主张：“今削之亦反，不削亦反。削之，其反亟，祸小；不削之，其反迟，祸大。”意思是诸侯们的势力太大了，削藩会反，不削也迟早会反，与其等他们准备好酿成大祸，不如尽早削藩，将损失降到最低。

晁错的《削藩策》，让汉景帝想起了他爷爷高祖皇帝的《大风歌》：“大风起兮云飞扬，威加海内兮归故乡，安得猛士兮守四方！”立国之初实行分封制，诸侯王中藩国大者“夸州兼郡，连城数十，宫室百官同制京师”，而且形同独立王国，有自己的领土、税收和军队。高祖本意是希望这些藩王能够守土固边，维护刘家江山的稳定，可几十年过去，随着各诸侯王国力日盛，他们的心也越来越远离朝廷：大家都是高祖的子孙，你做得皇帝，我为何就做不得？

想到这些，为了汉朝的长治久安，汉景帝一刻都不想再等。有了皇帝的支持，晁错随即更改了法令三十条，然后开始大刀阔斧地削藩。据《汉书·袁盎晁错传》载，这个时候，晁错的父亲从禹州老家跑来长安，见面就是一通怒吼：“汝用事，即侵削诸侯，疏人骨肉，口让多怨，汝何为也？”皇帝家的事跟你有什么关系？你为什么要削藩，让人家刘姓子孙互相伤害？

晁错回答：“不如此，天子不尊，宗庙不安。”不这么做的话，大汉的江山社稷可就危险了！

晁父说：“刘氏安矣，而晁氏危矣！”刘家安全了，我们家可就危险了！看到儿子不知悔改的样子，老父亲十分绝望，喝下提前准备好的毒药，对儿子说，“吾不忍见祸逮身。”他不希望看到祸事降临晁氏家族，所以先走一步！

果然，公元前154年，吴王刘濞联合楚王、赵王、济南王、胶西王、胶东王等发起了“七国之乱”，他们打出的口号就是“清君侧，诛晁错”，宣称只要诛杀晁错，七国大军便作罢。应验了老父亲的话，晁错被腰斩，晁家被灭三族。

晁错是法家出身，为人性格刚烈。《汉书》写到晁错的性格，说他“峭、直、刻、深”，即说话刻薄、性格耿直、为人苛刻、手段狠辣。这样一个为达目的不择手段的人，是聪明人吗？能意识到自己的过失吗？

慢其所敬者凶，不尊重对方所尊重的，后果严重

“慢其所敬者凶”，怠慢对方所尊敬的人或事，怎么会有好结果？三国时，刘备在荆州收揽了一批豪杰，其中包括诸葛亮、庞统、徐庶、廖立等人。孙刘联盟破曹操后，很长时间两家关系密切，刘备应刘璋邀请，入西川抵御张鲁。诸葛亮留下负责镇守荆州，与孙权派出的使者多有交往，有一次，使者随口一问：“如今蜀国所有士人中，都有谁可与您一起治理荆州政事啊？”诸葛亮回答：“庞统、廖立，都是楚地优秀人才，他们能同我一起共兴治国大业！”

庞统是与“卧龙”诸葛亮齐名的“凤雏”。那廖立是谁？居然是诸葛亮眼里的“荆楚奇才”。廖立字公渊，是武陵郡临沅人，刘备自领荆州牧时，他被聘为州从事，后来经诸葛亮推荐，做了长沙太守。而当时，关羽为襄阳太守，张飞为宜都太守，赵云为桂阳太守，可见在刘备心中，廖立是可以和关羽、张飞、赵云并列的大才。

建安二十年（215 年），孙权派吕蒙白衣渡江偷偷袭取荆州南部三郡，其中就包括长沙郡。廖立居然不战而弃城逃跑，径自逃归刘备身边。长沙郡是荆州的粮仓，战略地位相当重要，寥立此等行径换作旁人，早就被军法处置。但是刘备一向赏识和礼待他，所以这次也并未对他做任何处罚，反而任命他做了巴郡太守。建安二十四年（219 年），刘备当了汉中王后，又升廖立为侍中。章武三年（223 年），刘备去世，刘禅继位为帝。廖立因之前的过错被贬为长水校尉，心中很是不服，觉得论才能，自己仅排在诸葛亮后面，为啥只能做个校尉呢？于是常怏怏不乐。

有一次，诸葛亮要诏李邵、蒋琬到治所议事，二人在行前与廖立商量应对策略。廖立随即献计说：“军队应当远征，你们几位又擅长谋划军事。过去先主不取汉中，而前去与东吴争夺南方三郡，结果还是被吴人夺去，

白白地劳累军士，无功而归。后又失掉汉中，使夏侯渊、张郃深入巴地，差点儿丢失益州。关羽仗恃自己的勇威声名，带兵作战无方，主观臆断任性而为，致使丧师失众，丢失荆州……”他一方面诋毁先主刘备政策失误，说刘备过去不取汉中，反而去跟孙权争夺荆南三郡，简直是白白耗费军力，最后还失去了汉中，让夏侯渊、张郃等人占领了巴地，威胁整个益州；另一方面又诽谤关羽，说关羽自视武艺盖世无双，藐视东吴，带兵作战又没有章法，致使丧失土地，而且不会使用人才。

李邵、蒋琬见到诸葛亮，把廖立的话全盘托出，诸葛亮听后非常生气。

刘备与诸葛亮，自三顾茅庐开始，一生君臣，一生知己，相互敬重，两人都给予对方极高的评价。诸葛亮对刘备的品德和抱负深感钦佩，愿意为其鞠躬尽瘁，死而后已。而刘备也认为诸葛亮能洞察世事、预见未来，将诸葛亮视为自己的“水镜”。两人遇见，如鱼得水。

刘备的前半生虽然声望挺高，但是栖栖惶惶，东奔西走，始终寄人篱下，没有立足之地。直到遇上诸葛亮，他才一步步地实现了《隆中对》的

规划，控有荆州，夺取巴蜀，终于称霸一方。在国家大事上，刘备依赖诸葛亮的策略和智慧。诸葛亮不仅为刘备规划了取蜀、联吴抗曹的战略方针，还在赤壁之战等关键战役中发挥了重要作用。刘备去世后，诸葛亮更是承担起辅政的重任，为维护蜀汉的稳定和发展尽心尽力。在个人情谊上，刘备对诸葛亮也极其信任和尊重，甚至临终托孤，嘱咐诸葛亮如果刘禅不适合为君，可以取而代之。刘禅即位后，向诸葛亮表态：政务由诸葛丞相负责，自己负责祭祀的事情。按照刘备的遗嘱，不论大小事，刘禅都要征求诸葛亮的意见。

诸葛亮追随刘备时已经二十七岁。诸葛家是官宦世家，叔父诸葛玄曾在刘表处为官，哥哥诸葛瑾在东吴为官，弟弟诸葛诞在曹魏为官，唯有他此前并未出仕，安心隐居南阳，“常自比于古代名臣管仲、乐毅”。为什么自比管仲、乐毅？不是因为两人手握大权，而是因为两人是在受到最大程度信任的基础上手握大权。试看当时天下，谁能如刘备一般赏识他、给他完全的信任？他出隆中、赢得生前身后名，都源于刘备的这份信任和赏识。如果不遇刘备，当世之人再没有谁能给诸葛亮他所要的那份信任，而诸葛亮也不会随随便便出来当一个普通的谋士，大概率会继续隐居山林，著书立说，或成为一代名士，或终其一生籍籍无名于山岳之间。

所以，当时世上，最让诸葛亮感恩且敬佩的人就是刘备。而廖立，作为先帝曾经看重的部下，怎可用如此轻慢的态度和语言来非议先帝？诸葛亮对此又岂能容忍？

“慢其所敬者凶”，诸葛亮写了一份弹劾廖立的奏章，说：长水校尉廖立坐井自大，贬论朝士，指责国家不任贤达之士而任用平庸之人，又说万军统率者都是些不中用的浑小子，诽谤先帝，诋毁群臣……诸如此类情况不可胜举。一羊乱群，都能造成危害，何况廖立官任高职，中层社会以下谁能分辨他的真伪？于是，刘禅下诏废廖立为平民，流放到汶山郡。

从“楚之良才，当赞兴世业者也”，到“立奉先帝无忠孝之心，守长沙则开门就敌，领巴郡则有暗昧阘茸其事，随大将军则诽谤讥诃，侍梓宫则挟刃断人头于梓宫之侧”，廖立最后老死于流放之地，真是咎由自取。

凌下取胜者侵，上以势压人，下必怀恨在心

司马迁写《项羽本纪》，篇末这样总结项羽的失败：起源于放弃关中，怀念楚地；然后做出放逐义帝而自立为王的不义之举；之后，因多种原因各诸侯背叛他；逐渐地，项羽难以控制局势了。致命的是，项羽自我夸耀功勋，逞一己私智，不效法古人，以为创立霸王的事业，需要用武力来经营天下。终于，五年便覆灭了他自己的国家。

但在普通人看来，项羽的失败并不是什么战略失败、做事失败，而是彻头彻尾的做人失败。想一想成语“沐猴而冠”的来历以及项羽对待义帝的态度，就能初步判断项羽的为人。

公元前224年，秦将王翦带六十万大军进攻楚国，在安徽宿县（今安徽宿州）大破楚军。楚军全线溃败，混乱中，楚将项燕被迫自杀殉国。秦军趁势攻入楚都寿春，楚国灭亡。这一年，项燕的孙子项羽八岁。

公元前209年，陈胜吴广起义，天下响应，各路起义军联合起兵反秦。项燕的儿子、项羽的叔父项梁率众在吴中（今江苏苏州）起义，开启复辟楚国的征程，楚地揭竿而起的将领都争相归附。公元前208年夏，项梁拥立楚王后代芈心为楚怀王，自称武信君。这年9月，项梁率军先后在东阿、定陶、雍丘等地多次大败秦军。秦二世遂调动全部军队增援。项梁与章邯在定陶对峙，项军不敌，章邯大破楚军，项梁战死。

祖父和叔父的战死，让项羽满心都是“复仇”二字，很快就在战斗中成为楚军的大将军。破釜沉舟，在巨鹿之战中大败章邯秦军后，复仇心爆棚的项羽，将投降的二十余万秦军士兵全部坑杀，消灭了秦军主力，项羽随即率军向关中挺进。

因为各路起义军在全国各地和秦军作战，没有统一的指挥，众人约定：谁能够先打入秦都咸阳，推翻秦朝的暴政，谁就在关中为王。在这些起义

军将领中，项羽和刘邦是最有实力的：项羽能征善战，军事力量最强大；刘邦出身低微，但善于用人。结果，刘邦部署得当，抢先一步进驻咸阳，俘虏了秦王子婴，灭了秦朝。等项羽一路与秦军正面作战，非常艰辛地打到咸阳时，刘邦以退为进，撤出了咸阳。刘邦非常清楚，自己当时的实力根本无法与项羽对抗。

尽管如此，项羽还是对刘邦极为不满。为了给祖父和叔父复仇，项羽带领人马冲入咸阳城内大肆屠城抢掠，不仅杀了秦王子婴，还一把火烧了秦朝宫殿。

当时，项羽手下的有识之士劝他："这关中地区有险可守，而且土地肥沃，在此建都，可以奠定霸业。"但复仇后的项羽没想着做国君，只想着衣锦还乡，回到江东去炫耀他今日的无限风光。因此他对劝他的人说："人富贵了，就应该回归故乡。要是富贵了却不回故乡，和穿着漂亮的锦绣衣服走在黑夜里有什么区别呢？"

那人听了这句话，觉得项羽实在算不上一位有志于天下的英雄，心里不免有些失望，于是在背后对人说："人家说楚国人不过是'沐猴而冠'罢了，果然不错！"意思是说，人家都说楚国人徒有其表，就好像是猴子戴上帽子假充人一样。我以前还不相信，这次和楚王谈话之后，我才知道此言不虚！这些话很快传到了项羽那里，愤怒至极的项羽立即派遣手下的士兵把那人抓来，投入鼎镬里活活烹死了。可见，项羽虽然能征善战、霸气十足，但为人刚愎自用、心胸狭隘。

接下来，再说说项羽是怎么对待义帝的。义帝就是楚怀王熊心，楚国王族。他在楚国亡国之后，流落民间，以放羊为生，后来被范增找到，拥立为王。

"吾尝论义帝，天下之贤主也。独遣沛公入关，而不遣项羽；识卿子冠军于稠人之中，而擢为上将，不贤而能如是乎？"在苏东坡眼里，义帝是个贤明的君主。的确，这位楚怀王在上台之后，亲理楚国军政事务，和反秦义军项羽、英布、刘邦等各方势力谋划灭秦的事宜，并约定谁先进入咸阳谁就是王。结果，刘邦先入咸阳，项羽却想让怀王封他为王，但怀王没有答应。于是项羽干脆将熊心尊称为"义帝"，自行分封天下诸侯。

项羽决定先封手下的将相们为王，对他们说道："天下刚开始发难时，暂时拥立诸侯的后代为王，以便来讨伐秦朝。然而亲自身穿坚固的盔甲，手持锋利的兵器，率先起义反秦，在野外辛苦达三年之久，灭亡秦朝而平定天下，都是各位将相和我项籍的力量。义帝虽然没有什么功劳，但也应当分给他一片土地让他称王。"诸将们都说："好。"然后分封天下，立各位将相为诸侯王。

项羽和范增暗中商议，"巴、蜀地区道路险峻，秦国被贬迁移的人都住在蜀地"，项羽以巴、蜀也属于关中地区为由，封刘邦为汉王，统治巴、蜀、汉中地区，定都南郑。他又把关中分成三部分，封秦朝投降的将领在这里为王，用以阻隔汉王。

诸侯各自到封国就位，项羽也出关，前往封国，并派人告知义帝："古代帝王拥有千里疆土，必定居住在水域的上游。"派使者把义帝迁到长沙郴县，并催促义帝上路，然后暗中命令衡山王和临江王在长江中击杀了义帝及其随从大臣。

孟子曰："君之视臣如手足，则臣视君如腹心；君之视臣如犬马，则臣视君如国人；君之视臣如土芥，则臣视君如寇仇。"初看，项羽的这两个故事，似乎并不能成为孟子这段话的佐证。但细想，无论是项羽手下的有识之士还是义帝，在项羽的强势面前都是如此弱小，不过是换个角度去理解君臣、上下罢了。上以势压人，下必怀恨在心。项羽以势压人，最终造成了他自己兵败垓下、自刎乌江的结局。

名不胜实者耗，名与实相符，才可成就大事

“名不胜实者耗”，胜，能够承受；耗，损害。名声与实际才能不相称，必会受到损害。名与实相符，可成大事；名不符实，却会白白浪费机会，送人性命，甚至断送家国天下。

昭襄王五十五年（公元前252年），秦军进攻上党。上党百姓纷纷逃往赵国。赵国派廉颇率军驻守长平，安置上党逃来的百姓。秦军于是转而攻打赵国。赵军迎战，几次都被打败了。赵王与楼昌、虞卿商议，楼昌建议派地位高的使节与秦国讲和。虞卿认为，此时即使求和，秦国也不会答应。不如派出使者，用贵重的珍宝拉拢楚国、魏国，秦国疑心各国结成了抗秦阵线，那时讲和才可成功。但赵王不听虞卿的意见，仍派郑朱赴秦国求和。

秦国接待了郑朱。赵王有些得意，但虞卿告诉他：“各国都派使者赴秦国祝贺胜利，郑朱是赵国地位很高的人，秦王肯定会把郑朱来求和的事向各国宣扬。各国看到赵王派人去求和，便不会再出兵援救赵国。秦国知道赵国孤立无援，更不肯讲和了。”不久，秦国传来消息，果然如此。

由于赵军多次被秦打败，廉颇下令坚守营垒，拒不出战。赵王以为廉颇损兵折将后不敢迎战，非常生气，多次斥责他。应侯雎又派人用千金去赵国施行反间计，说：“秦国就怕马服君赵奢的儿子赵括做大将。廉颇好对付，而且他也快投降了。”赵王中计，便用赵括代替廉颇为大将。

赵括从小学习兵法，自以为天下无人可比。他曾与父亲赵奢讨论兵法，赵奢也难不倒他，但始终不说他有才干。赵括的母亲询问原因，赵奢说：“带兵打仗，是出生入死，而赵括谈起来却随随便便。赵国不用他为大将倒还罢了，如果一定要用他，赵军必亡于他手。”所以，赵括的母亲上书，请求不要重用赵括，并告诉赵王：“当年我侍奉赵括的父亲，他做大将时，亲自捧着饭碗去招待的有几十位，他的朋友有几百人。大王及宗室王族给他

的赏赐，他全部分发给将士。他自受命之日起，就不再理家事。而赵括做了大将，就向东高坐，接受拜见，大小军官没人敢抬头正脸看他。大王赏给他的金银绸缎，全都被他拿回家藏起来，每天还察看有什么可买的良田美宅。大王以为他像他父亲，其实他们父子用心完全不同。请大王千万不要派他去。”见赵王一意孤行，赵括母亲便说：“万一赵括出了什么差错，我请求您不要治我的罪。”赵王答应了她的请求。

秦王听说赵括已经被任命为大将，便暗中派武安君白起为上将军，并下令军中：“谁敢泄露白起为上将军的消息，格杀勿论！”

赵括到了军中，全部推翻原来的规定，调换军官，然后下令出兵攻击秦军。白起先布置下两支骑兵，假装战败逃走。赵括乘胜追击，直至秦军营垒，但不能攻克。与此同时，白起战前布置的两支骑兵出动了，一支二万五千人的队伍切断了赵军后路，另一支五千人的队伍堵住赵军返回营垒的通道。赵军被一分为二，粮草也被断绝。

白起令精锐部队前去袭击，赵军战斗失利，只好坚筑营垒等待救兵。秦王听说赵军运粮通道已被切断，亲自到黄河以北征募十五岁以上的百姓

调往长平，阻断赵国的粮草和救兵。九月，赵军已断粮四十六天，赵括派出四支队伍，轮番进攻秦军营垒，但进攻了四五次仍无法突围。赵括亲自率领精兵上前肉搏，被秦兵射死。至此，赵军全线崩溃，四十万士兵全部投降，被秦军活埋。

历史上另一个非常著名的、因名不符实而误了大事的人，是马谡。马谡是诸葛亮好友马良的弟弟，史称其人“才器过人”，受诸葛亮赏识，让他担任参军之职。马谡开始时的确不负诸葛亮倚重，在军事上屡有建树，如提出“攻心为上”的建议，为诸葛亮“七擒孟获”，为顺利平定汉中立下了重大功勋。

蜀后主建兴六年（228 年），诸葛亮为了光复汉室、统一中国，亲自率十万大军北伐。蜀汉大军出祁山后，进展顺利，给曹魏政权造成极大的震动，魏明帝赶忙派遣宿将张郃前往阻击蜀军。诸葛亮于是命令赵云、邓芝为将军，占据箕谷（今陕西汉中北）；任命马谡为前锋，镇守战略要地街亭（今甘肃秦安县东北）。诸葛亮深知街亭在整个北伐行动中的重要战略地位，临行前，再三告诫马谡不可麻痹轻敌，嘱咐他：“街亭虽小，关系重大。它是通往汉中的咽喉。如果失掉街亭，我军必败。”并极其耐心地具体指示他一定要“靠山近水安营扎寨，谨慎小心，不得有误”。

可自以为是的马谡到达街亭后，却把诸葛亮的话完全抛到了脑后，自作主张地将大军部署在远离水源的街亭山上。副将王平提醒他：“街亭一无水源，二无粮道，若魏军围困街亭，切断水源，断绝粮道，蜀军则不战自溃。请主将遵令履法，依山傍水，巧布精兵。”马谡不但不听劝阻，反而自信地说：“居高临下，势如破竹，置之死地而后生，这是兵家常识。我将大军布于山上，使之绝无反顾，这正是制胜之秘诀。”王平知道他一向自得轻狂，再次谏阻：“如此布兵危险。”马谡见王平不服，拿出上司的威仪，呵斥道：“丞相委任我为主将，部队指挥我负全责。如若兵败，我甘愿革职斩首，绝不怨怒于你。”王平以大局为重，再次义正词严地提醒他：“我对主将负责，对丞相负责，对后主负责，对蜀国百姓负责。最后恳请你遵循丞相指令，依山傍水布兵。”马谡置之不理，依然固执己见，把大军布置在山上。

魏明帝曹叡得知蜀将马谡占领街亭，立即派张郃领兵抗击。张郃骁勇善战，曾多次与蜀军交锋，经验丰富。张郃进军街亭后，立即挥兵切断水源，掐断粮道，将马谡的部队围困在山上，然后纵火烧山。一时间，蜀军饥渴难忍，军心涣散，不战自乱。张郃命令乘势进攻，蜀军“为郃所破，士卒离散”。于是，魏军占了街亭，马谡大败而归。

街亭失守使得整个战争局势大变，诸葛亮不得不退回汉中。诸葛亮痛心疾首，总结此战失利的教训。为了严肃军纪，他下令将马谡革职入狱、斩首示众，他自己也因此多次以用人不当为由，请求自贬。

既迎而拒者乖，欢欣而来却被泼冷水，必然埋下祸端

“既迎而拒者乖”，“乖”的本义是背离，我们今天形容某人偏执、与众不同，依然会用“乖张”这个词。因为某种原因将人才招纳来，就应该做到人尽其才，但如果了解对方的才能之后，又产生了忌妒之心、猜忌之心，那么，对方满心喜悦而来，当头被泼凉水，必然埋下祸端。这也是刘表和刘璋都曾经接纳过刘备，但结局却完全不同的原因。

刘表是什么人？汉景帝刘启之子鲁恭王刘余的后人，正统皇族，出生于 142 年，在东汉末年也是一位有胆有识的人物，俊美并且才能出众。他身长八尺余，姿貌温厚伟壮，年少时就名声在外。年轻时，他因参与太学生运动，受党锢之祸牵连，被迫逃亡，直到十多年后，光和七年（184 年），禁锢解除，才有机会出任北军中候。

初平元年（190 年），刘表出任荆州刺史，据《三国志》记载：“表初到，单马入宜城。”他单枪匹马去荆州上任，没有带一兵一卒。到了荆州后，他依靠自己的才华和政治手腕立刻获得了荆州实力派的支持，任用蔡瑁、蒯越等荆州士族代表人物为重臣，娶了蔡瑁之妹为妻，在这些人的帮助下，迅速平定了荆州全境。后被任命为镇南将军、荆州牧，封成武侯。

刘表对内恩威并著、招诱有方，开经立学、爱民养士，使得荆州万里肃清、群民悦服；对外远交袁绍，近结张绣，内纳刘备，据地数千里，带甲十余万，称雄荆江，特别是水军，战斗力非常强大：号称“江东猛虎”的孙坚在攻打荆州的时候，被乱箭射死；张绣的叔叔张济在去荆州抢粮食时，被射杀。荆州“北据汉沔，利尽南海，东连吴会，西通巴蜀”，占尽地利，只可惜在刘表去世之后竟成为四战之地。

刘备是建安六年（201 年）带着千余部众来投奔刘表的。当时，刘表

亲自赴襄阳郊外迎接。由此直到建安十三年（208年）刘表去世，八年间，刘备一直寄居在刘表这里。史料记载，刘表对刘备“待以上宾之礼”，而刘备也认为“此人待我厚”，甚至因此而不忍谋占荆州。二人兄有情弟有义。

但同为汉室宗亲，刘备与刘璋之间，却是另一种结果。

建安十六年(211年)，益州牧刘璋听说曹操将要派钟繇等人带兵到汉中攻打张鲁，心里很害怕。别驾从事、蜀郡人张松建议刘璋说：“曹操兵力非常强大，天下没有人能比得上，假若他再有张鲁相助来攻打蜀地，谁能抵挡得了！”刘璋说：“我很担心，但没有办法。”张松说：“刘豫州和您同族同宗，又和曹操有深仇大恨，他擅长用兵，如果派他攻打张鲁，张鲁一定抵挡不了。等张鲁被击败，益州的实力就会得到增强。即使曹操来了，也不能奈何我们。”

刘璋于是派法正率领四千人前去迎接刘备，送上了价值连城的礼物。听法正说明攻打益州的计策后，刘备让诸葛亮、关羽等人留守荆州，自己带步兵数万人前往益州。到了涪县，刘璋亲自出城迎接，两人见面之后都很高兴。庞统进言，可以在会面的地方刺杀刘璋，刘备说：“这样的大事，不能太仓促。”刘璋推举刘备代理大司马一职，兼任司隶校尉，给刘备增加兵力，派他袭击张鲁，又让他督导水军。这年刘璋回到成都，刘备北上到了葭萌，并没有立即攻打张鲁，而是一边树立仁慈德政的形象笼络人心，一边聚集兵卒，准备充足的车辆、甲器等军用物资。

第二年，曹操攻打孙权，孙权请刘备前去营救。刘备派使者告诉刘璋说：“曹操征讨东吴，东吴危在旦夕。孙氏原本和我关系密切，唇亡齿寒。但现在乐进和关羽在青泥相持不下，如果不前去援助关羽，乐进一定会打败他，而后转来袭击益州，这样的危险比张鲁更大。张鲁不过一个割据一方的贼寇，不值一提。”于是刘备从刘璋那里求借一万兵马以及足够的军用物资，准备向东进军，但刘璋只许给他四千兵力，其他物资也只给一半。张松写信给刘备及法正说：“如今大事唾手可得，怎么能放弃机会离开呢？”张松的兄长广汉太守张肃担心事发会连累自己，就向刘璋告发了张松。

刘璋逮捕并杀了张松，并命令守关的将领停止送文书给刘备。刘备大怒，径直来到关中，带兵占领了涪县县城。刘璋派将领在涪县抵御，没有

成功，只好退守绵竹。刘璋又派李严督导绵竹各部队，李严却带部下投降刘备。刘备的兵力更强大了，手下各个将领被分派去平定下属郡县，诸葛亮、张飞、赵云等带兵沿江平定了白帝、江州、江阳，只有关羽还留守在荆州。当时刘璋的儿子刘循守卫雒县，刘备带部队围攻那里长达一年之久。

建安十九年（214 年）夏，雒城被攻破，刘备又进而围攻成都达几十天，刘璋出城投降。蜀中物产丰富，百姓殷足，刘备摆宴席犒劳士卒，将蜀城中的金银财物分赐给将士，把谷物、布匹还给物主。刘备又兼任益州牧，诸葛亮辅佐他，法正做谋主，关羽、张飞、马超为武将，许靖、麋竺、简雍为幕僚。此外，董和、黄权、李严等原来被刘璋任用的人，还有刘璋的姻亲吴壹、费观，以及被刘璋忌恨的刘巴等人，都被委以重任，各尽其能。

“既迎又拒，必招祸端”，刘璋当年恐怕就是因为不明白这个道理才使自己的家业落到刘备手里的吧？

贵而忘贱者不久，须培元固本，对过往有感激之心

“纣为象箸而箕子怖，以为象箸必不盛羹于土铏，则必将犀玉之杯；玉杯象箸必不盛菽藿，则必旄象豹胎；旄象豹胎必不衣短褐而舍茅茨之下，则必锦衣九重，高台广室也。称此以求，则天下不足矣。圣人见微以知萌，见端以知末，故见象箸而怖，知天下之不足也。”小时候，我们都读过这篇《纣为象箸》吧？

据说商纣王刚刚继位的时候，心有宏图大志，希望振兴国家，起初，纣王还没有暴露他的荒淫暴虐。有一次，他让工匠做了一双象牙筷子。大臣箕子看到以后，就害怕起来，因为他预见到：用象牙筷子就不会在泥土制造的器皿中去夹食，势必要用犀牛的角、精美的玉来制作杯盘；然而角杯玉盘怎么好盛一般菜、豆做的羹汤呢？又一定要吃牦牛豹胎之类的珍贵稀罕的食品；吃这么稀有精美的食物，怎能穿着粗劣的衣服，住在茅屋土坑里呢？而必定要穿一套套的锦绣衣裳，住着那高台大厦才匹配呀……箕子一边叹息一边自言自语地说：“唉，纣王用上了象牙筷子，这仅仅是开始啊，我担忧的是事情的结局，所以才对这个开端恐惧不安呀！”事情的发展正如箕子预料的那样，纣王的奢侈荒淫，一天比一天厉害起来，大约过了五年光景，竟然发展到了整日整夜饮酒作乐，并且设炮烙等酷刑，以致到了无以复加的地步，老百姓怨声载道，最后商朝被周朝推翻。

这样的小故事，是我们小时候接受品德教育的必修课。不忘记原来的感情、原来的志向，不忘记做人的本分，始终是我们传统的家风家教。

东晋末年重要将领、大臣殷仲堪，是东晋太常殷融的孙子、晋陵太守殷师的儿子。他曾任荆州刺史，上任时正赶上水涝歉收，每餐吃五碗盘，再没有别的佳肴。饭粒掉在餐桌上，他总要捡起来吃掉。这样做虽然是有心为人表率，却也是由于生性朴素。他常常对子弟们说：“不要以为我出任

一州刺史，就认为我会放弃平素的志向。现在我对待物质生活还是像从前那样俭朴，没有改变。清贫是读书人的本分，怎么能因为地位高了就变根本呢！你们要记住这个道理。”

上面提到的五碗盘，也称五盅盘，是南朝、隋唐流行的成套餐具器皿，因在浅腹平底的盘内环置五个小盅而得名。“五碗盘”并不是指四菜一汤，而是一款成套食皿，盘子很小，盛不了什么食物。2003 年 12 月，在泉州旧城改造、拆迁过程中，在河市镇梧桐宅村发现一座唐贞观二十二年的墓葬。其中出土了一件五盅盘，在一个浅腹平底的青瓷圆盘上，放着五个小瓷盅，青瓷圆盘直径十四厘米，每个小瓷盅直径四厘米，造型精美小巧，功能实用。现收藏于泉州市博物馆。更早一些时候，1990 年河南洛阳机车工厂发掘的东汉晚期壁画墓中，墓东壁画着一位侍女“双手捧一红色圆形盘，盘内放置五个内红外黑的耳杯”。由此可见，这种由一个圆形托盘和盛放于上面的五只小型容器组成的成套器物，最迟在东汉晚期就已出现，使用地域也广及长江以北的中原地带。

南齐高帝萧道成即位时，曾向朝议建言欲行“要务”。其中说到治国节俭的问题。举的例子就是前朝皇帝刘裕每餐“仅五盏盘、桃花饭米”之语。五盏盘与五碗盘一样，前者比后者或许更小。桃花米饭是指用糙米做的饭。刘裕是出身草根的皇帝，生活上的俭朴在历史上也是出了名的。他做皇帝后，为不忘本，还特地把皇宫开辟出一室专门贮放当年用过的农具，以示范后代子孙。

“箕子见象箸以知天下之祸”，是因为事物的发展趋势由小可以看大，由近可以见远，由此可以及彼，由始可以察终，由今天可以预料明天。我们对过往有感激之心，就是不忘本，就是在防微杜渐。讲了几个“贵而不忘贱”的故事，接下来，再看一个非常著名的“贵而忘贱者”的故事。

中国农民起义第一人陈涉年轻的时候，曾经和别人一起被雇佣耕地，有一次劳作期间，大家在田埂上休息时，他突然很惆怅地说：“如果有一天富贵了，大家不要相互忘记呀。”其他人听到他这样说，都笑了：“你是受雇替人耕地的人，怎么可能富贵呢？”陈涉叹息道：“唉！燕雀怎么会知道鸿鹄的志向呢？”此时的陈涉，出身低微，却心怀壮志，而且顾念伙伴。

“王侯将相宁有种乎？”若干年后，他真的富贵了，以陈县为都城，成为陈王。当年曾经和他一起受雇佣耕地的小伙伴听说后，来到陈县，敲着宫门说：“我要见陈涉。”宫门令要把他捆绑起来。他反复为自己申辩，这才放了他，但还是不肯为他通报。陈王出宫时，他拦路呼喊“陈涉”。陈王听见了，就召见他，坐着车一起回宫。看到宫殿房屋和帷帐后，客人说：“夥颐！陈涉称了王，宫殿真是又大又深啊！”客人进进出出，越来越随便放肆，任意和人讲起陈王以前的事情。

有人对陈王说：“这个客人愚昧无知，专门胡言乱语，这样会有损您的威望。”因为这个原因，陈涉竟然就安排人把他的小伙伴斩杀了。如此一来，陈王的那些故旧都私自离去，从此再也没有人亲近陈王了。陈涉称王仅六个月，他的车夫庄贾就杀了他向秦军投降。陈王被杀后，被葬在砀县，谥号为隐王。

不知道固本培元，对过去的人和事没有感激之心，导致身边没有忠诚的、亲近的人，这也是陈王失败的原因之一。

赏不服人、罚不甘心者叛，赏罚有度，公道自在人心

北宋太祖时期的宰相赵普，性格沉稳，以天下为己任。有一次，一位大臣立了功，应当得到提拔，但太祖一向讨厌这个人，不答应升他的职。赵普得知后，坚决为这位大人请求，直到太祖大怒，他仍然坚持说：“刑法是用来惩治恶徒的，赏赐是用来鼓励功臣的，古往今来都是如此。况且，刑赏是天下的刑赏，不是陛下的刑赏，陛下怎么能凭自己的喜怒而独断专行呢？”太祖听了，更加愤怒，起身就走。赵普紧跟在太祖身后，很久都不离开，最终还是得到了太祖的同意。

不平则鸣，不公则反，是事物发展的规律。而赏无功的人、罚无罪的人，恐怕是最不平、最不公的事情了，即使当时迫于形势不能“鸣”、不能“反”，但公道自在人心，总有那么一天，真相会大白于天下。

“青山有幸埋忠骨，白铁无辜铸佞臣。”在中国两千多年的封建王朝历史里，出现了许多光耀后世的良臣名将，也总会有一些祸国殃民的乱臣贼子。但还从来没有哪一个奸臣，可以像秦桧这样，在持续上千年的时间里，被整个汉民族恨得咬牙切齿：因为抗金英雄岳飞，就是被他设计害死的。

进士出身的秦桧，刚入仕途时，也曾经是血气方刚的主战派。他的转变是从汴梁沦陷开始，他和宋徽宗、宋钦宗还有一众王公大臣，都成了金人的俘虏。为了保命，秦桧在金人面前极尽讨好之能事，巴结上了金朝的军事统帅完颜昌，金人南侵的时候，秦桧还亲自写了招降书，给宋军递了过去。当大批被俘的宋朝高官死的死、疯的疯，南宋建炎四年（1130 年）秋，被囚禁于金国长达三年之久的秦桧，不仅从敌国全身而退，还带回了自己的一家老小和一船金银财宝。就这样“机缘巧合”逃回临安后，他作为南宋的宰相，却是金朝的代言人，一心要让南宋朝廷承认金人占领的土地疆域，根据当时宋金频繁交战的情况，迫不及待地向宋高宗赵构建议，立即停止抵抗，与金人议和，并提出“如欲天下无事，南自南，北自北”的南北分治方略，并呈上草拟的和议书。

“南自南，北自北”，这轻描淡写的六个字，不仅分裂了大宋锦绣河山，还抛弃了无数中原子民。好在距“靖康之变”不久，当时南宋上下充满了报仇雪耻、收复失地的呼声，主战派的力量还相当强大，高宗虽赞同秦桧的想法，但“梗于众议”，未敢贸然接受并付诸实施。

对于秦桧的卖国行为，岳飞极力反对。他几次上书说明议和并不可靠，痛骂奸臣误国，因此，秦桧对岳飞恨之入骨。所以，岳飞回到临安后，随即便陷入了秦桧布置的罗网之中。

绍兴十一年 (1141 年)，宋高宗在秦桧的帮助下，使用明升暗降的手法，顺利地解除了韩世忠、张俊、岳飞等三位宣抚使的统兵权。这年的七月十六日，秦桧指使其党羽右谏议大夫万俟卨弹劾岳飞，诬陷他“志得意满，日以颓惰”，散布“山阳不可守”“沮丧士气”，并造谣说淮西之役岳飞抗旨不遵，欲置岳飞于死地。宋高宗对弹劾奏章予以赞同，岳飞被迫提请辞职。八月，高宗下诏免去岳飞枢密副使之职。

九月，秦桧与张俊密谋诬陷岳飞，并指使张俊诬告岳飞部将张宪谋反，先将张宪、岳云关入大理寺狱。十月，岳飞也被骗入狱，秦桧命御史中丞何铸、大理寺卿周三思审讯，岳飞裂衣示其背上所刺的“尽忠报国”四字，以明心迹。何铸知道岳飞是无辜的，向朝廷力辩其无辜。秦桧又改命万俟卨主审此案，捏造了许多罪名加到岳飞身上，他们严刑拷打岳飞，逼岳飞承认那些捏造的罪名。

任凭百般拷问，岳飞始终没有屈服，最后只在供状上写下“天日昭昭！天日昭昭！”八个大字。在此期间，许多主持正义的官员纷纷为岳飞抱屈、鸣冤，但均遭到贬官甚至杀头的下场。十二月二十九日，高宗和秦桧竟然以“临军征讨稽期”和“指斥乘舆”等莫须有的罪名将岳飞毒死，张宪、岳云亦被斩首，岳飞死时年仅三十九岁。岳飞、张宪的家属被分送广南、福建路拘管。

岳飞惨遭杀害后，天下百姓无不垂泪，甚至连三尺的孩童都切齿痛恨卖国贼秦桧。孝宗即位后，立即为岳飞平反昭雪，赐岳飞谥号武穆。到嘉泰四年(1204 年)，宁宗赵扩又追封岳飞为鄂王。

在宋朝，当将军是一件很容易发财的事。中兴四将中的张俊、刘光世都以钱多闻名，而“清贫大将军”五个字则是岳飞独有的标签。岳飞不蓄私财，据《枫窗小牍》记载，遇害以后，他的家产全被抄没，几经清点，也只有朝廷所赐玉带数条、铠甲兵器若干、米数斗和书几千卷而已。以岳飞枢密副使的官职，光俸钱一项每月最少就有三百贯，各种补贴数不胜数，打胜仗的赏赐一次就有几十万贯。但他把犒赏尽数分给将士，自己“一钱不私藏”，还常常拿出家产补助军用。一次，一个士人问岳飞，怎么才能天下太平。岳飞答了一句流传千古的名言：“文臣不爱钱，武臣不惜死，天下太平矣。”

杭州栖霞岭下的岳王墓，从明宪宗成化十一年（1475 年）到清德宗光绪二十三年（1897 年），四百多年的时间里，秦桧反绑双手的跪像，竟被反复重铸高达十一次。而重铸的原因，大多是因为每隔一段时间，就会因为被百姓愤怒地殴打、破坏，而损毁得面目全非。

果然，公道自在人心。

第七章

安于礼，谨守原则，符合道义才能事事如意

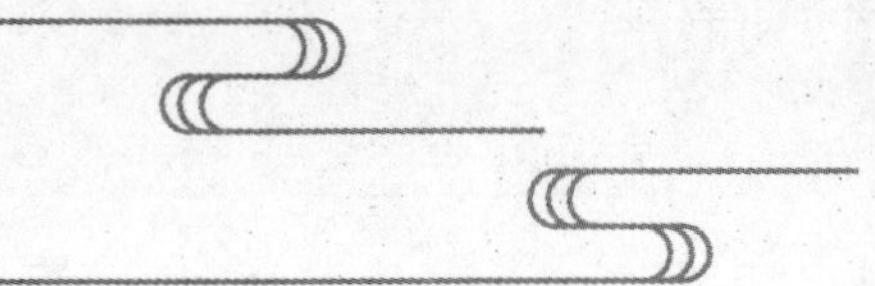

《素书》安礼章第六

怨在不舍小过，患在不预定谋。福在积善，祸在积恶。饥在贱农，寒在堕织。安在得人，危在失事。富在迎来，贫在弃时。

上无常操，下多疑心。轻上生罪，侮下无亲。近臣不重，远臣轻之。自疑不信人，自信不疑人。枉士无正友，曲上无直下。危国无贤人，乱政无善人。

爱人深者求贤急，乐得贤者养人厚。国将霸者士皆归，邦将亡者贤先避。地薄者大物不产，水浅者大鱼不游，树秃者大禽不栖，林疏者大兽不居。山峭者崩，泽满者溢。弃玉取石者盲，羊质虎皮者柔。衣不举领者倒，走不视地者颠。

柱弱者屋坏，辅弱者国倾。足寒伤心，人怨伤国。山将崩者下先隳，国将衰者人先弊。根枯枝朽，人困国残。与覆车同轨者倾，与亡国同事者灭。见已生者慎将生，恶其迹者须避之。

畏危者安，畏亡者存。夫人之所行，有道则吉，无道则凶。吉者，百福所归；凶者，百祸所攻。非其神圣，自然所钟。务善策者无恶事，无远虑者有近忧。

同志相得，同仁相忧，同恶相党，同爱相求，同美相妒，同智相谋，同贵相害，同利相忌，同声相应，同气相感，同类相依，同义相亲，同难相济，同道相成，同艺相规，同巧相胜：此乃数之所得，不可与理违。

释己而教人者逆，正己而化人者顺。逆者难从，顺者易行，难从则乱，易行则理。

如此理身、理家、理国，可也！

福在积善，祸在积恶，荣辱不是一时一事造成的

我们读《淮南子》，在《主术训》中，能读到“夫圣人之于善也，无小而不举；其于过也，无微而不改。”我们读《三国志》，在《先主传》，能读到“勿以恶小而为之，勿以善小而不为。惟贤惟德，能服于人”。深究其意，其实都在告诉我们“福在积善，祸在积恶”。善恶到头终有报，这个到头，指的也是“积”，积到一定程度了、到极限了，结果出现了。就像周朝，正是由于文王的先人和子孙累世积德，才会有八百多年的江山。

2023 年初，山西省考古研究院对外公布了一处夏时期遗址考古成果，考古人员在运城稷山东渠遗址发现大量农业遗存，农作物炭化种子有粟、黍、水稻、大豆等，以粟为主。结合稷山一带“后稷”的传说，专家推断这便是“后稷教民稼穑于稷山”的考古学实证。

后稷是周的始祖，尧帝时被任命为主管农业的官员，舜帝时因功封在邰地，也就是现在的咸阳市武功县一带。后来，稷的儿子不窋承袭父职，一直到夏太康执政时，因为时局混乱，率部族离开邰地，来到了“戎狄之间”，即现在的甘肃庆阳一带，来寻找更适合农业和畜牧业生产的环境。

到了后稷的三世孙，也就是不窋的孙子、鞠陶的儿子公刘成为周人的首领后，因为不堪周边戎狄等游牧部落的侵扰，周迁徙到了豳，也就是现在的咸阳市彬州市、旬邑县和长武县一带。很显然，这次迁徙，让周部落找到了更好的生存环境，开辟了更宽阔的发展空间。这个部族有着强大的来自后稷的“种地基因”，落地生根的地方必然是适合种植农作物生长的地方。公刘更是一位很有政治远见和组织才能的首领，深受国人拥戴，他不仅继承祖先的事业发展农业，还置军士、设官员、征贡赋，建立了古豳国。

强大的基因和坚定的信念，让周部落逐渐向一个国家转变。在居豳的400 多年间，公刘的子孙们一边大力发展农牧业，一边着手促进手工业发

展，逐步由单纯的农业向畜牧业延伸，而且农业和畜牧业两手抓：农业方面，开始改进和使用多种不同用途的生产工具，甚至有了木质生产工具；畜牧业方面，开始根据环境条件向周边游牧部落学习狩猎和蓄养牲畜，实现了农耕文化与畜牧狩猎文化的融合。不仅如此，在这个时期，周人的手工业也发展起来，纺织、编织，烧陶窑、制陶器，制木器、骨器、玉器，还有青铜器，都围绕生存发展起来了。

既要保证吃穿，还要保证不被欺负，所以，这一切发展都与军事有着密切的联系。古豳国的势力范围因此而不断扩大，到古公亶父时，古豳国已经成为一个以豳地为中心的繁盛邦国。古公亶父是后稷的第十二代孙、周文王的祖父，大约是在商王廪辛、康丁时期，他将周由豳迁到了岐下。至于迁徙的原因，据《史记》载：古公亶父居豳时，“积德行义，国人皆戴之。薰育戎狄攻之……乃与私属遂去豳，度漆、沮，瑜梁山，止于岐下”。也就是说，是为了躲避薰育戎狄的侵扰。但这只是表面原因，我们读诗经，读到《诗经·鲁颂·閟宫》时，可以看到“后稷之孙，实维大王。居岐之阳，实始翦商”这样的诗句，这可能才是周人迁岐的根本原因：随着周的

壮大，豳这个地方已经太小了，于是要找一个更大的、环境更好的地方，谋求周的进一步发展，进而剪灭商纣。

经过 11 世的艰苦跋涉，周终于有实力“实始翦商”。古公亶父迁岐之后，娶了当地姜部落的太姜为妻。太姜就是周文王的祖母，聪明、美丽而且贤惠，古公亶父凡事都会和她商量，两人的契合，也让两个部落的文化有机地融合并兴盛起来。作为商的属国，古公亶父建筑城邑房屋，设立官吏，开垦荒地，发展农业生产，把民众分成邑落定居下来，建立诸侯国，得到了商王朝的认可。

此后，古公亶父的儿子季历，延续古公亶父的谋略，推行“事于商而令天下”的政策，以清除商王朝外患的名义，一步步推动周的扩张。季历是古公亶父的小儿子，很小的时候就显示出非凡的才德，被古公亶父寄予厚望。他的两位哥哥太伯、仲雍，为了弟弟能顺利继位，到南方去建立了吴国。季历继位后，对西方戎狄展开了大规模的征伐，武乙三十五年（公元前 1113 年），“伐西落鬼戎，俘十二翟王”；文丁时，又先后攻伐燕京之戎、余无之戎。前期，由于战功卓著，季历受到商王的信任和封赏，取得了对西方诸侯的号令与征伐之权。但随着周的逐渐强大，商王朝警觉起来，以封赏为名，将季历召唤到殷都，一方面将季历封为“方伯”，号称“周西伯”，为西方诸侯之长，另一方面却将季历软禁起来，然后又以莫须有的罪名将季历杀害。

季历死后，姬昌继位，被时人尊为西伯昌，也就是后人尊崇的周文王。他继位时，周已是“三分天下有其二”了。《史记 · 周本纪》记载，姬昌遵后稷、公刘之业，效先祖古公、父亲季历之法，倡导“笃仁、敬老、慈少、礼下贤者”的社会风气，使周的社会经济得以发展。相较于商纣王的残暴无道，姬昌对内奉行德治，岐周在他的治理下，国力日渐强大，到武王时，终于一举伐纣，成就了“翦商”大业。

一个人、一个国家，其发展和灭亡都不可能是毫无征兆的。这个规律，没有谁可以逃脱。所以，做人做事应该有长远的眼光、大度的胸怀，不能只看眼前、争一时的小利，不顾未来。毕竟，发展，是善积累到一定程度的必然结果；灭亡，是恶积累到一定程度的必然结果。

安在得人，大局的安危在一念之间

“得民心者得天下”，成功的关键，不是事，而是人，正因为这个原因，唐太宗才会说“致安之本，唯在得人”。自古得民心者得天下，但在关键时候，大局安危、人心向背，却在一念之间。

明朝正统十四年，瓦剌首领也先带领蒙古大军南下，意图一举歼灭大明。明英宗朱祁镇在太监王振的撺掇下，决定统帅几十万明军御驾亲征。朝廷官员极力劝阻，但朱祁镇完全听不进去。结果，在土木堡，也就是今天的河北怀来，明军遭到蒙古军队夹击，几乎全军覆没，朱祁镇被活捉。也先大获全胜，打算再集结些军队，多准备些粮草，趁大明军力空虚，一鼓作气，拿下北京城。

消息传回北京城，举国震惊。土木堡之变，明朝的皇权、宦权、武将功勋几乎被一锅端，明朝廷一下子形成了权力真空。这个时候，势弱的文官集团被推到了前面。国不可一日无君，千钧一发之际，最紧急的事情，是立即换皇帝。朱祁镇出兵之前，安排弟弟朱祁钰监国，此刻朱祁钰便是最好的皇帝候选人。在大臣们的强烈要求下，朱祁钰勉为其难地披上了黄袍，史料记载：“王惊谢至再。谦扬言曰：‘臣等诚忧国家，非为私计。’王乃受命。”

于谦当时任兵部左侍郎，是文官集团首领。朱祁钰刚刚摄政朝议的时候，就在朝堂上，一众朝臣请求诛杀王振全族，却被王振党羽、锦衣卫都指挥使马顺叱斥，官员们激愤不已，冲上去猛击马顺，致使马顺当即毙命、血溅朝堂，而当时马顺手下的锦衣卫就在堂外。就在朱祁钰吓得起身想跑时，于谦挤出人群来到朱祁钰身边，劝慰他，同时也对众官员说：“马顺等人罪该诛死，打死勿论。”朝堂这才安定下来，一场大祸得以避免。当时，于谦的袍袖都被撕裂，情况之紧急，可以想象。过后，于谦退出左掖门时，吏部尚书王直握着于谦的手叹道："国家正是倚仗您的时候。今天这样的情况，即使是一百个王直也处理不了啊。"

景泰帝朱祁钰上任了，君臣开始商量正事。瓦剌大军要攻打北京城，可精锐之师都跟随朱祁镇去了前线，北京城就剩了几万军队，只能勉强维持京城秩序，要靠这些军队抵御也先的铁蹄，根本不可能。形势相当严峻，怎么办？朝中大臣形成了两派，一派建议刚刚登基的朱祁钰迁都，迁回南京。而且言之凿凿，扯上了夜观星象、天意使然之类的妄言。还有一派非常愤怒地斥责了这帮逃跑派，还铿锵有力地宣称：对于主张南迁的人，就应当杀头！

说这话的主战派首领，也是于谦。于谦是杭州人，他太了解北宋南渡的历史教训了；于谦的偶像是文天祥，他无论如何不能让大明在他手上重蹈宋朝的覆辙。他对朱祁钰和满朝大臣说，京城是天下的根本，怎么能随便放弃？如果撤离京师，国家必亡，我们一定要力保北京，我们一定能保

住北京。

于谦的主张得到了吏部尚书王直、内阁学士陈循等官员的支持，主战派迅即扩大。因为在土木堡之变中，兵部尚书邝野战死，兵部尚书职位空缺，朱祁钰采纳了主战派的建议并和皇太后商量，任命时年已经五十一岁的于谦为兵部尚书，将军队调动、物资调运、防御部署等全国军队的指挥权都交给了于谦。

于谦临危受命，这个从未打过仗的文人，在危急时刻展现了他的军事天赋，短短两个月内，他从两京、河南、山东等地从容调兵，使北京城的兵力由几万迅速增加到二十二万，并改革兵制管理，组建了新的防御体系。

为了提升战斗力，他又提拔一批能打硬仗的将领，让他们在紧急训练那些新招募来的新兵以及战斗力不强、没有经验的辅助兵种的同时，还派官员分别去各地招募新兵，以备补充。如何解决兵器严重不足的问题？于谦也是多管齐下：工部夜以继日赶制；请朱祁钰传旨，把南京库存兵器中的大部分紧急调来北京；派人到土木堡一带收集明军溃败的时候丢弃的物资。为了打赢这场防守战，于谦安排人用各种方式加固北京的城防设施，挖城壕、修城墙、城门，加固箭楼子，在城墙堞口处设立门扉、在城垛之间钉木栅栏门。

打仗，打的是粮草。那时候，通州是北京城的粮库，短时间之内，要用常规办法把通州的粮食运到北京是不可能的；如果也先的瓦剌军把北京包围了，粮食更进不了京。于是，有人给朱祁钰建议，干脆把通州的粮库一把火烧了，免得留给瓦剌军。但于谦想办法保住了这些珍贵的战略物资，他一边安排官府征用大马车昼夜不停地运粮，一边发现银让老百姓参与运粮，运得多的，还另外鼓励。结果，几天下来，通州的几十万担粮食就被搬进了北京。有这么多粮食囤着，官兵就已经不害怕瓦剌军来攻城了。

人心稳定下来之后，于谦还是走群众路线，动员城内没有当兵的青壮年由老工匠们带着学技术，把闲散的砖块石头、木头棍棒收集起来，以备战时所需；城外，甚至京郊更远的地方，官府也接到了朝廷的文书，组织百姓拿起武器，配合打击瓦剌军。

于谦的这些准备，是也先没有想到的，他以为北京这一仗遇到的和土木堡遇到的是同样不堪一击的明军，结果第一次交锋便大败而归。瓦剌军长途奔袭作战，原本打算速战速决，但随着时间的推移，大明朝的增援部队陆续赶到，瓦剌军队胜利的希望越来越弱，最后不得不全线撤退。

此战以明朝胜利而告终，于谦力挽狂澜，使大明朝转危为安。

爱人深者求贤急，乐得贤者养人厚，求贤心切必待人优厚

“爱人深者求贤急，乐得贤者养人厚。”深爱民众的人，必然求贤心切；得到贤才就喜悦的人，必然待人优厚。

战国时期，魏文侯曾问相国李悝，如何才能招募更多有才华的人到魏国来。李悝没有直接回答魏文侯的问题，反问道：“主公，您看以前传下来的世卿世禄制怎么样？”魏文侯说：“其中弊病很多，需要改变。”李悝点点头，说：“现行的制度不变，就不可能吸引真正有才能的人到魏国来，国家便治理不好。”

所谓“世卿世禄”制，就是贵族的封爵和优厚俸禄代代相传、父死子继，即使儿子没有什么本领、对国家没有什么贡献，也同样能够继承父亲的封爵和俸禄，拥有贵族的种种特权。而一些真正有才干的人，却因为不是贵族弟子，得不到应有的地位。

李悝把这个问题分析给魏文侯听，得到魏文侯的赞赏后，李悝建议说：“我们一定要废除世卿世禄制度，对于无功劳又作威作福的贵族，果断地撤掉他们的俸禄，拿去招聘人才，这样四面八方的能人贤士就会到魏国来了。”魏文侯依计而行，果然把魏国建设成了当时最强盛的国家。

可见，但凡谋事，必先谋人，因为事在人为。世上怕的不是没有人才，而是不能正确招纳、使用和爱护人才。只有那些善于发现人才、又善于使用和保护人才的人，才能取得最后的胜利。比如汉高祖刘邦，就把自己的成功完全归结于用人得当，即位之初，便立即着手安抚百姓、分封有功之臣。所以说，谋人是为了用人，而用人就必须厚养——高官厚禄为养，放权使能为养，恩义聚人也是养。用而不养，养而不厚，必然上下离心。

说起“谋人”的行家里手，清太祖努尔哈赤绝对是其中的高人。清太

祖努尔哈赤是清王朝事业的奠基人，他以十三副遗甲起兵，经过数十年的艰苦创业，终于成为能与明朝抗衡的一股力量。这其中固然原因很多，而努尔哈赤长于广揽人才，则是其中的重要原因之一。

万历十二年九月，努尔哈赤攻打翁科洛城，一个守城的勇士藏在暗处向努尔哈赤施放冷箭。努尔哈赤躲闪不及，被射伤了，但他拔出带血的箭，继续指挥战斗。这时，又有一个叫守城的勇士借着烟雾的掩护，摸到努尔哈赤近处，一箭射中努尔哈赤的脖颈，虽然未中要害，但箭镞卷如双钩，拔出之后，血涌如注、血肉并落，努尔哈赤顿时昏死过去，攻城部队只好撤退。

努尔哈赤伤愈之后，再次率兵攻陷了翁科洛城，并生擒了上次射伤他的两位勇士。众人愤怒地要将二人乱箭穿胸处死，可是，努尔哈赤显得十分冷静，对众人说："两敌交锋，志在取胜。彼为其主乃射我，今为我用，不又为我射敌耶？如此勇敢之人，若临阵死于锋镝，犹将惜之，奈何以射我故而杀之乎？"然后，亲自为二人解绑，并好言安慰。两位勇士被努尔哈赤的这一举动感动得流下了热泪，当即表示愿意归顺努尔哈赤，为其效

力。后来，两人果然英勇作战，为努尔哈赤的统一事业立下汗马功劳。

和父亲努尔哈赤一样，清太宗皇太极也是一位爱惜将才的马上帝王。

皇太极为了招降明朝著名将领祖大寿，派人先将祖大寿的妻子儿子接到清营，对他们百般体贴照顾。当时，祖大寿统兵驻守大凌河城，也就是现在的辽宁锦县西南，皇太极围城百余天，派明朝降将张弘漠等人前去劝降祖大寿。祖大寿因内无粮草、外无救兵，决定诈降清军。皇太极表示："凡大凌河所降明朝将士、官吏、城民，不得杀戮，有违此盟者，天必谴之。"为使祖大寿能同妻子团聚，皇太极让他率二十余人返回锦州城。没有想到，祖大寿带领明军与皇太极兵戎相见。即使这样，皇太极依然对祖大寿的家人以礼相待，并致书祖大寿说："至于去留，终不相强。将军虽屡与我兵相角，为将固应尔。朕绝不以此介意。将军勿自疑。"直至1640年，皇太极指挥清军击败增援锦州城的明军，又招降了洪承畴，祖大寿无计可施，只好献城降清。皇太极大喜过望，立即召见祖大寿，抚慰他说："你违约于我，是为了你的明主，为了你的妻子和宗室。我经常和内院诸臣谈起，祖大寿必不能死，以后再降，我也绝不加诛。往事已毕，今后能竭力相助就行了。"并令祖大寿隶属正黄旗，授总兵职。此后，祖大寿忠心侍清，成为皇太极手下一员猛将。

由于满族人口不多，为了入关打败人口众多的汉族人，就需要吸纳更多的降将，所以，皇太极自天命十一年（1626年）即位后金汗之后，就特别善待降将并常常对他们委以重任。他把这个问题看成是打败明朝、实现统一大业的重要手段。

天聪七年（1633年），参将孔有德、耿仲明率官兵数千自山东登州航海来降。此后又有广鹿岛副将尚可喜、石城岛总兵沈志祥等带领大批官兵、人口来降。皇太极封孔有德为都元帅、耿仲明为总兵官，其他各官也视功劳分别封赏，并赐赏大量珍宝财物，先是下令孔、耿所部帅旗用皂（黑色），后又规定孔、耿与八个和硕贝勒同列一班，并为之营建府第。崇德元年（1636年）封孔有德为恭顺王、耿仲明为怀顺王、尚可喜为智顺王，而孔、耿与尚独立分管两支由汉人组成的部队，获得类同八旗主一样的权利。

孔、耿、尚的来归成为太宗编制汉军旗的开始，使清军的实力大大增强，为清朝统一全国立下了汗马功劳。皇太极为了完成自己的事业，实现自己的远大抱负，实施了各种善待降将、委以重任的政策厚养人才，这样，使皇太极身旁有着一支精悍的汉将队伍，既解决了清军军事将才缺乏的问题，又削弱和瓦解了明军，不断壮大自己的力量，最后得以入主中原，一统天下。

国将霸者士皆归，邦将亡者贤先避，国之将亡，众叛亲离

众人相助，虽弱必强；众人相去，虽大必亡。国之将亡，忠臣远离，屈原所处的战国后期，楚国正处在由盛转衰的时期。屈原的政治见识使他能够看清战争的本质，知道战争的输赢决定着国家的存亡，因此他的忧虑远比一般人要深沉、痛彻得多。他希望能在政治上有所作为，使国家再强盛起来，也在很年轻的时候就有了这个施展抱负的机会：因为他见闻广博、擅长辞令，而且是贵族出身，楚怀王任命他做了楚国的左徒，入朝，可以和楚怀王商议国家大事；在外，负责接待宾客、与诸侯交往。

然而，在“横则秦帝，纵则楚王”的时代背景下，楚国的复兴之路、屈原的梦想之路遍布荆棘。他遭遇到了一个毫无底线的政治对手，这个人来自外部却对楚国了如指掌，他一生的两件得意之事都和楚国有关：一是离间了楚怀王与屈原的关系；二是破坏了楚齐联盟。也正是因为这两件事，导致了楚国的灭亡，为秦国成就霸业扫清了前障。

这个人就是秦相张仪，中国历史上著名的谋略家和纵横家。他十分清楚，有屈原在，楚国就没那么容易倒掉。于是，他机关算尽，收买楚国大臣，使用各种手段谗害屈原。这期间，有一个流传很广的故事可以说明屈原当时所处的政治生态。有一次，楚怀王指派屈原制订法令，屈原刚起草，还没有定稿，同僚上官大夫看见了，想夺取这份草稿，屈原不给，上官大夫于是就诽谤他说：“大王委派屈原制订法令，众人没有不知道的。每颁布一项法令，屈原就夸耀自己的功劳，说，‘除了我，没有人能这么做。’”怀王因此恼怒，疏远了屈原。怀王怎么可能仅仅因为这件事就恼怒、就疏远屈原？不过是日积月累，身边总有人进谗言的最终结果罢了。

屈原被疏远以后，秦国打算攻打齐国，齐国便跟楚国合纵相亲，以联楚抗秦。秦惠文王担心这件事，就派遣张仪假装离开秦国，带了丰厚的礼物去楚国，对楚怀王说："秦国很憎恨齐国，齐国却跟楚国合纵相亲。楚国如果确实能跟齐国断交，秦国愿意献出商、於一带六百里土地。"楚怀王贪心，听信了张仪的话，就跟齐国断交，并派遣使者到秦国去接受土地。张仪骗楚国的使者说："我跟怀王约定的是六里，没有听说过六百里。"楚国使者愤怒地离开秦国，回国报告怀王。怀王愤怒，大举兴兵攻打秦国。秦国出兵迎击楚军，在丹水、淅水一带将楚军打得大败，斩杀八万余人，俘虏了楚军将领，趁势夺取了楚国汉中一带地区。楚怀王出动全国兵力，要深入攻击秦国，准备在蓝田交战。魏国听到这个消息，发兵袭击楚国，一直深入邓邑。楚国军队恐惧，只得从秦国撤军回国。而齐国因愤怒也不肯援救楚国，楚国大为困窘。

第二年，秦国要割让汉中地区与楚国讲和。楚怀王说："我不希望得到土地，只有得到张仪才甘心。"张仪听后，说："用我一人就抵得上汉中之地，太划算了，我请求到楚国去。"张仪到达楚国，又用丰厚的礼物贿赂楚国的当权大臣靳尚，还在楚怀王的宠姬郑袖面前进行诡辩。楚怀王竟然听信郑袖的话，又释放了张仪。当时，屈原已被疏远，不再任职，他出使齐国回来后，问楚怀王："为什么不杀张仪？"楚怀王后悔了，派人追捕张仪，却没能追上。

这以后，各诸侯国共同攻打楚国，大败楚国，斩杀了楚将唐昧。

当时，秦昭襄王跟楚国结为姻亲，想要和楚怀王会晤。楚怀王打算前往，屈原说："秦国，是虎狼一样凶狠的国家，不可相信，不如不去。"但楚怀王的小儿子子兰劝楚怀王前往："为什么要断绝与秦王的友好！"楚怀王于是便出发了，结果一进入武关，秦国的伏兵就断绝了楚怀王的退路，扣留他，要求割让土地。楚怀王愤怒，不肯听从，最终死在秦国。

楚怀王的长子顷襄王继位，他的弟弟子兰担任令尹。楚国人都责怪子兰劝楚怀王到秦国去而不得生还。屈原也痛恨子兰，他虽然被流放，但是仍然眷念楚国，内心牵挂楚怀王，想回到朝廷中，在作品中多次表达了这种心志。令尹子兰听到消息后，大为恼怒，指使上官大夫在顷襄王面前说屈原的坏话。顷襄王发怒，把屈原放逐到了很远的地方。

何其不幸，伟大的屈原此生竟遇上了两代昏君！

强秦兵临城下，弱楚危在旦夕，楚怀王却屡中张仪之计，违背盟约与齐断交，既恼羞成怒又不讲信义，既贪婪自私且鼠目寸光，终于孤立无援，求救无门。已经被边缘化的屈原看到了楚齐断交的严重后果，力阻无效，反而被逐出朝廷，远远地被流放。

顷襄王更是心胸狭窄之人，他一怒之下将屈原流放到更偏远、更艰苦的地方。公元前279年，秦国悍将白起攻打楚国，引水灌城，一下子淹死楚国军民几十万人，还攻占了屈原的出生地、楚国的国都郢。第二年的五月初五，一代爱国名臣屈原投江殉志，留下千古奇恨、千古沉冤、千古悲歌。

“长太息以掩涕兮，哀民生之多艰”，屈原身为宗室重臣，却以民为本，反对世卿世禄、限制贵族特权，明知这样必定会触犯贵族垄断集团的利益，但他“岂余身之惮殃兮，恐皇舆之败绩”，对民众、对王权的忠诚天地可鉴。两千多年来，屈原这种忧国忧君忧民的情怀一直深深地影响着中国传统知识分子。

羊质虎皮者柔，英雄气宇轩昂，强者无往不利

“羊质虎皮者柔”，本质像羊一样怯懦，难道披上虎皮就会变得强大吗？真正的强者，也绝不屑于羊质虎皮；而善于识人者，绝不会被表面所迷惑。

刘仁轨是唐朝宰相、名将，汉章帝刘炟之后。刘仁轨少时家境贫寒，虽然他恭谨好学，但适逢隋朝末年农民起义，他无法专心读书，所以，每当劳动之余，他就伸出手指在空中或地上写写画画，来巩固所学的知识，渐渐地，他以学识渊博而闻名。

唐高祖武德初年，河南道安抚大使任瑰起草奏疏议论国事，刘仁轨看到草稿，替他修改了几句话。任瑰对他的才学感到惊讶，于是任命他为息州参军。不久后，刘仁轨调任陈仓县尉。当时，折冲都尉鲁宁骄纵违法，历任陈仓县官都无法制止他。刘仁轨就职后，特地告诫鲁宁不得重犯，但鲁宁仍凶暴蛮横如故，刘仁轨于是用刑杖将他打死。州里的官员将此事禀告朝廷，唐太宗愤怒地说：“一个县尉竟打死了我的折冲都尉，这能行吗？”于是把刘仁轨召进朝廷责问。刘仁轨回答：“鲁宁侮辱我，我因此杀了他。”一句话尽显豪气。

为官清廉刚正、博学多才、善于谋算，刘仁轨岂是任人拿捏之辈？太宗认为刘仁轨刚毅正直，不仅不加惩处，反而提拔他为咸阳县丞。

高宗仪凤元年（676年）三月，吐蕃进犯今甘肃、青海等地，掠数千口而还；仪凤二年五月，吐蕃又进犯今四川南坪一带；八月，刘仁轨奉命镇洮河军。此地是防御吐蕃进攻或讨伐之的军事要地，可他的多次奏请，都被中书令李敬玄所阻抑。李敬玄博览群书、精通礼制，但生性冷峻。

这个时候，李敬玄是中书令，封赵国公，在上位，而刘仁轨处下风，但博弈之所以有魅力，就在于优势和劣势可以随时转换。刘仁轨对李敬玄

很了解，知道他不是将帅之才。但见他对自己的意见毫不尊重，多加干涉，恼怒之余，只等有机会反击。仪凤三年，吐蕃入寇，刘仁轨终于等到机会，上奏书：“镇守河西，非李敬玄不可。”说西边镇守实属要务，必须派重臣，非李敬玄难胜此任。李敬玄也知道这是刘仁轨有意陷害，就以不熟悉军队事务为由，万般推辞，高宗不知其中的隐情，见刘仁轨荐贤，心中大悦，说：“仁轨若须朕，朕且行，卿安得辞？”刘仁轨需要朕，朕都会亲自前往，你怎么能够推辞呢？于是，任命李敬玄为洮河道大总管兼镇抚大使，检校鄯州都督，统兵十八万抵御吐蕃。

最终，推辞不过的李敬玄率十八万唐军，并刘审礼、王孝杰等数位名将出征高原，七月，唐军在龙支击败了入侵都州的吐蕃兵，遣使告捷。九月，李敬玄率部继续西进，抵达青海湖畔，吐蕃兵二十万前来迎战。李敬玄派右卫大将军刘审礼、副总管王孝杰继续深入，结果被吐蕃以疑兵之计包围。万分危急之下，李敬玄竟以吐蕃兵多，按兵不救。最终唐军前锋部

队全军覆没，刘审礼、王孝杰被俘。李敬玄闻败，又“狼狈却走”，屯兵于廓州西南的承风岭，意图凭泥沟列阵自保，吐蕃兵追至，占据高岗，形成居高临下之势，唐寨岌岌可危。多亏左领军员外将黑齿常之率五百敢死队深夜袭营，李敬玄才趁机逃回鄯州，以有病为借口求罢归。回朝后，高宗察觉他并没有病，将他贬为衍州刺史，不久又迁扬州长史。

承风岭之战，十八万唐军惨败，刘审礼、王孝杰被俘，李敬玄溃逃。史载：“李敬玄将兵十八万与吐蕃将论钦陵战于青海之上，兵败。”

李敬玄本人不知兵，却干预军事，轻慢刘仁轨，真是自找苦吃。而唐朝著名的将军李愬，连降将都能纳为已用，在战斗中，山川形势和敌军的虚实都因降将的指点而了若指掌，打胜仗易如反掌。

平定了青陵不久，骁勇善战的敌将丁士良又被擒。士兵押来丁士良后，李愬亲自为他解去捆绳，以贵宾的礼节对待他，请教如何破敌的计策。丁士良说：“吴秀琳的兵士，总共不过七千人，而屡战不败的原因，主要是得力于陈光洽为他策划计谋，我受了您不杀我的恩情，我自愿去捉陈光洽来，不知您肯不肯相信而放我走？”李愬笑着说：“我既以为您是个男子汉大丈夫，说话算话，哪有不信之理！”于是马上摆设酒席饯行，席散就让丁士良离去。

过几天，丁士良果然把陈光洽捉来。吴秀琳失去了谋士，不得已也率领兵卒投降了。吴秀琳被任命为将领，打算率领原班人马去攻吴房，以求功劳。李愬却主张道：“中原正扰乱不安，您立功的时机还多着呢，攻吴房的事可以慢慢来，留着用以分散敌人的心力，使李祐不能专心一意地抵抗我们。”吴秀琳点点头，接着说：“李祐是个健将，驻守在兴桥栅，假定能擒获他，那么自郤地以下的防御能力，便没什么可担心的了。”李愬一听，马上派遣史用诚带着五百勇士，埋伏于兴桥附近的大路旁，等李祐出现时，蜂拥而上，把人捉住带回来。

由于过去李愬手下的部将曾被李祐打败，非常痛恨李祐，都请求将他杀死，李愬不答应，反而嘉勉李祐的武勇，对待他愈加优厚。部将见李愬这样对待李祐，很不服气。李祐见状，掉下泪说：“恨我的人那么多，而您竟仁慈为怀不杀我，我请您把我上了枷锁送到京城去接受处分吧！”李愬真的送李祐去京师，可是没有套上枷械，同时，还托人带了一封信到朝廷，强调李祐的勇敢善战。朝廷见了信，不仅没有治李祐的罪，还下令李祐回到李愬那儿，立功受职。这么一来，那些部将也就不敢再说什么了。

知事识人、知人善任，首先要做到的就是辨别“羊质虎皮者”。遇到连这个本事都没有的上位者，不赶紧远离，难道等着和他一起坠入深渊吗？

同志相得，同仁相忧，
和面对共同强敌的人结成联盟

“志相得，同仁相忧，同恶相党，同爱相求”，同一类型的事物或人物，可以互相依存；处在困难中的人们，更容易互相理解、互相援救、同舟共济，以期共渡难关。比如三国时候的孙刘两家，尽管平时矛盾很多，但当他们面临共同的强敌时，还是会结成联盟，彼此联手对敌。

官渡之战后，无处可去的刘备投奔了刘表。那年，刘备四十一岁，刘表年近六旬，两人都是汉室宗亲，而且同辈。刘表亲自到襄阳郊外迎接刘备，给刘备增添了兵马、将刘备安排在距离荆州的治所襄阳北边一百多里的新野。新野是刘表控制的荆州最北部的一个小县城，再往北五十多里就是宛城。官渡之战前，刘表曾与驻扎在宛城的张绣结为盟友，给张绣钱粮，

共同抵御曹操。却不想，张绣虽然与曹操有不共戴天的仇恨，但还是在官渡之战期间投降了曹操。所以，这个时候，宛城的实际控制权在曹操手里。也就是说，刘备在新野守着刘表的北大门。

曹操将袁绍的四州之地尽收囊中，奠定了他的北方霸主地位，然后就开始构思统一天下的宏大战略。经过谋士们的反复讨论，曹操集团将目标首先对准了荆州的刘表：如果曹军能抢到荆州，就可以顺江而下，拿下孙权集团，进而益州、西凉、辽东都唾手可得。

于是，建安十三年（208 年）七月，大练水军、做好一切战斗准备的曹操，正式向刘表下了挑战书。然而，仅仅过了一个月，战斗还没有打响，刘表就因病去世。刘表有两个同父异母的儿子，长子刘琦，次子刘琮。按规矩，本该由长子刘琦继位，但刘琮在豪族舅舅等人的帮助下，继任家业，成了荆州之主。听说曹操要来攻打荆州，刘琮二话不说，直接率众投降，快得让曹操都很意外。

刘琮不战而降，事先并未露出什么风声，曹操大兵已至宛城，刘琮才派人告知刘备。刘备见大军将至，便同诸葛亮和徐庶等人赶紧南撤江陵。

江陵地处要冲，而且屯有大量物资，曹操怕刘备先占江陵，于是率战力最强的“虎豹骑”五千精锐骑兵，昼夜行军三百余里，兼程急追。曹操原计划在襄阳拦截刘军，但刘备逃得太快，计划落空，便只得继续南追。在襄阳与江陵之间的当阳，刚好坐落在古荆襄大道上。这条道路是江陵和襄阳间最主要的交通线，也是刘备南逃的必经之路。

当时，襄樊的百姓害怕被曹军屠杀，有很多都跟着刘备走。由于百姓和物资多，所以队伍行动缓慢，刘备只好派关羽先率领一万水军，从水路赶往江陵。刘备等依旧行进，结果在当阳的长坂被曹操骑兵追上。

我们读《三国演义》，看到这一章，热血澎湃：赵云在曹操大军中三进三出，连杀数十员敌军将领；张飞在长坂桥上一夫当关，令曹营名将不敢上前，率领二十名骑兵掩护刘备安然脱险。而在历史上，这一仗，刘备几乎全军覆没，仅带领诸葛亮、张飞、赵云等数十人逃脱。当时前往江陵的道路已被曹操截断，脱险后的刘备只得东行。在江津与关羽的水军相遇后，刘备渡过汉水，和刘表的长子刘琦会合，然后退至樊口，现在湖北鄂州市西北。这一路边打边撤，刘备损失惨重，实力大为削弱。

这期间，鲁肃正准备以“吊唁”刘表的名义去荆州以探虚实。曹操南征、刘表病死，孙权面临着两个选择：如果帮助刘备，共击曹操，就等于是养虎为患，坐看刘备羽翼渐丰；如果不帮刘备，眼看着曹操就要进攻江东，其结果不敢想象。犹豫徘徊之间，他派鲁肃前往荆州，以吊唁刘表之机，劝说刘备和诸葛亮，期待两家能够联合抗曹。却不料鲁肃还没有出发，就被曹操抢了先机，得知刘备已南逃，鲁肃立即北上，正好与刘备相会于当阳长坂。尽管刘备此时的处境极其尴尬，鲁肃还是代表孙权与刘备结成同盟，刘备派诸葛亮出使东吴。

曹操占领江陵后，决定乘胜顺江东下，一举消灭江东，于是率军自江陵沿江东下，向东吴进攻。曹操是懂心理战的，此行统军二十万，却对外号称八十万。

当时孙权拥军柴桑，也就是现在的江西九江西南，但在降曹还是抗曹问题上，他一直左右摇摆不定，下不了决心。诸葛亮来到东吴，便用了一招激将法，劝孙权说：“曹操现在攻破荆州，威震四海，实力强大。将军如果能够抵抗曹操，就应当及早与曹操绝交；如果不能抵抗曹操，为什么不束手向他投降呢？”孙权是要面子的人，听到这话，大怒：“我拥有全吴之地，十万甲兵，岂能受制于人？”听到孙权这样表态，诸葛亮趁热打铁，进一步分析局势：刘备虽兵败长坂，但是所部仍有两万余众，而曹操劳师远征，十分疲惫。况且北方之人，不习惯水战；而且荆州归附的部队并非心服。只要将军派出几员猛将，必能破曹。

听了诸葛亮的分析，孙权决定派周瑜、程普、鲁肃率三万水军，会同刘备共同抗曹。

公元208年，孙刘联军与曹军在赤壁(今湖北嘉鱼东北)形成对峙局面。时曹军士兵水土不服，染上瘟疫。后来联军用火攻，曹军大败。刘备乘胜追击，占领了荆州江南地区，征得孙权的同意后，又占领荆州江北地区。

公元214年，刘备进军四川，取得益州。公元219年，又从曹操手中取得汉中。至此，刘备成为与曹操、孙权鼎足而立的军事集团之一，东汉末年以来军阀割据混战的局面结束，三国鼎立的形势初步形成。

逆者难从，顺者易行，“顺其自然”是谋算的最高智慧

“逆者难从，顺者易行”，博弈生存的最高智慧，其实就是“顺其自然”。陈寿在《隆中对》里说，诸葛亮隐居期间常把自己比作管仲、乐毅，而这两位高人所擅长的，其实也就是顺其自然、借力打力。

管仲是春秋时期法家代表人物。他出身贫苦，以商贾为业，成语“管鲍之交”，说的就是他与鲍叔牙的故事。后来，他也被鲍叔牙举荐给齐桓公，辅佐齐桓公进行了大量内政外交的重大改革，使得齐国成为春秋第一霸主。他为齐相期间，曾借力包茅事件，一举数得。

事情的起因是一件小事。有一天，齐桓公和小妾蔡姬在湖中泛舟，蔡

姬玩心大起，伸手撩起池水泼桓公，把桓公搞得满脸是水渍，衣裳也透湿了。桓公觉得自己被一个小妾戏耍，大失尊严，竟恼羞成怒，派人将蔡姬送回她的母国蔡国。蔡穆公见妹妹哭哭啼啼地被遣送回来，勃然大怒，说："这也欺人太甚了，偌大个天下，难道寡人非要与他齐国结盟不成！"不仅与齐国结盟，还把妹妹嫁到楚国。

齐桓公的原意是想惩罚一下美人，等她反省了，再去接回来。却不想事情竟发展到这一步，自己的小妾成了楚成王夫人。恼恨之余，齐桓公决定讨伐蔡国。管仲听说桓公要因为这件事向蔡国开战，很是着急，匆匆来见桓公，说："主公您是大国的君主，中原的盟主，为了姬妾的私事去讨伐一个国家，哪说得过去？这样做，天下诸侯非但不会同情齐国，反而会暗中嗤笑主公。主公千万不可因一时激愤而草率行事，您要是执意伐蔡，臣有一计。"

在管仲的运筹下，齐桓公没有直接去攻打蔡国，而是带鲁、宋、郑、陈、卫、曹、许共八路诸侯包围了楚国。楚成王遣使相见，管仲斥责他说："我们两国虽然相隔很远，但都是周天子所封的诸侯。当初齐国太公受封的时候，曾经接受过诏命，谁要是不服从天子，齐国有权征讨。你们楚国本来每年向天子进贡包茅，为什么现在不进贡了呢？"

包茅，是产于楚国一带的一种茅草。先秦时代的酿酒工艺比较原始，在酒中有很多混浊的渣滓，以此来祭祀上天和祖先就显得颇为不敬。所以在那时候的祭祀大典上，祭酒时都要将酒倒在束好的青茅上。青茅有过滤的效果，这样敬给神的就是纯净的酒了。而进贡包茅这一职责，长久以来都是楚国的专属。

先秦时期，"国之大事，惟祀与戎"，祭祀是国家的头等大事。在这样的背景下，楚国的问题就不仅仅是一捆茅草这么简单了：不进贡包茅，就会使神明饮用不到纯净的酒，就是轻视神圣的祭祀大典；轻视祭祀大典，就是不将周天子放在眼里，代表的是地方政权对中央的对抗。最终，楚国老老实实地承认了错误，答应恢复进贡包茅。

诚如管仲所言，教训一个小小的蔡国，有什么意思？要玩就玩大的，蔡姬不是嫁去楚国了吗？那咱就顺水推舟，直接奔着楚国去。齐桓公出了一口恶气，还杀了楚国的威风，目的已经达到。而楚国军力强盛，打下去也未必就能讨到便宜，于是见好就收，立下盟约撤兵。

以管仲之才，布这样一个局，得到这样的结果，简直易如反掌。诸葛亮把自己比作管仲不是没有原因的：管仲相齐，使齐国成为春秋五霸之首；诸葛亮相蜀，使刘备与曹操、孙权三分天下。二人是一样的呕心沥血、鞠躬尽瘁啊。

接下来咱们聊聊乐毅。而聊乐毅之前，先说说“武庙十哲”。文有文庙，武有武庙，唐开元十九年，唐玄宗为表彰并祭祀历代名将，设置了武庙。文庙的主神是文宣王孔子，武庙的主神则是武成王姜子牙，包括汉朝留侯张良在内的名将十人分坐左右，这十个人，就是武庙十哲，代表唐玄宗之前历史上最杰出的军事奇才。十哲中，左列分别是秦武安君白起、淮阴侯韩信、蜀汉丞相诸葛亮、唐尚书右仆射卫国公李靖、司空英国公李勣；右列分别是汉太子少傅张良、齐大司马田穰苴、吴将军孙武、魏西河郡守吴起、燕昌国君乐毅。

“燕昌国君乐毅”就是我们要聊的这位。他为什么能进武庙、位列十哲？因为他辅佐燕昭王振兴燕国，曾统率燕国等五国联军伐齐，连下七十余城，创造了中国古代战争史上难以复制的弱国胜强国的经典之战。立志恢复汉室的诸葛亮推崇他，不仅仅因为他的才能，还因为他辅佐的是燕昭王，燕国王室姓姬，是周室后代。

乐毅的先祖乐羊曾为魏国效力，成功攻占中山国后，因功被封在灵寿，死后葬于灵寿，乐氏子孙因此世代定居在这里。中山复国后，又被赵武灵王所灭，乐毅于是就成了赵国人。乐毅少年聪颖，喜好兵法，武灵王死后，他离开赵国到了魏国。正值燕昭王礼贤下士、招揽天下人才，乐毅被魏昭王委派，出使燕国，最终选择了投身燕国。燕昭王对他礼贤下士，提供了施展才华的舞台。乐毅成为燕国的亚卿，率军奇袭齐国，几乎让这个强大的对手灰飞烟灭。

乐毅是战国后期集智勇、谋略、忠诚于一体的杰出的军事家、战略家。从入燕开始，他走的每一步，都踩在了点儿上：燕昭王为了报齐国的入侵之仇，筑黄金台，以招纳贤士，这个时候，乐毅来投奔燕国，是顺其自

然。燕昭王很器重乐毅，乐毅也把燕昭王引为知己，乐毅以其卓越的军事才能率兵攻齐，结果势如破竹，攻下了齐国的七十多座城池，连齐国的国都临淄都攻了下来，为燕昭王报仇雪恨。乐毅攻打莒城和即墨时，燕昭王死，他的儿子燕惠王即位，燕惠王怕乐毅势力太大不听调遣，攻下莒城和即墨后会做齐王，然后带兵回头攻打燕国，于是就在阵前撤换了乐毅。临阵换将，必无善意，这个时候，乐毅不回燕国而远走赵国，免去了一场杀身之祸。

所以说，在发展的过程中，沿袭是顺其自然；发展到极端走向反面的时候，变革也是顺其自然。